幸福小宅
×
夢想家

幸福小宅 X 夢想家

有效空間規劃，
小房子多風格少預算的DIY改造實例

作者：林尚範（임상범）
譯者：七歲
總編輯：林慧美
主編：俞聖柔
執行編輯：張召儀
封面設計：高茲琳
排版：Little Work

發行人：洪祺祥
出版：日月文化出版股份有限公司
製作：山岳文化
地址：台北市信義路三段151號8樓
電話：(02)2708-5509　傳真：(02)2708-6157
E-mail：service@heliopolis.com.tw
日月文化網路書店：http://www.ezbooks.com.tw
郵撥帳號：19716071 日月文化出版股份有限公司
法律顧問：建大法律事務所
總經銷：聯合發行股份有限公司
電話：（02）2917-8022　傳真：（02）2915-7212
印刷：禾耕彩色印刷事業股份有限公司
初版一刷：2013年10月
定價：420元
ISBN：978-986-248-343-5

國家圖書館出版品預行編目資料

幸福小宅X夢想家：有效空間規劃，小房子多風格少預算的DIY改造實例 / 林尚範著；七歲譯. -- 初版. -- 臺北市：日月文化, 2013.10
320面；17*23公分
ISBN 978-986-248-343-5(平裝)
1.家庭佈置 2.室內設計 3.空間設計

422.5　　　　　　　　　　102017331

신혼집 인테리어
Copyright©2012 by 임상범（林尚範,Lim Sang-Boem）
All rights reserved.
Original Korean edition published by BACDOCI Co.,Ltd. Seoul,Korea
Chinese (complex) Translation rights arranged with BACDOCI Co.,Ltd.
Chinese (complex) Translation Copyright © 2013 by Heliopolis Culture Group Co.,Ltd
Through M.J. Agency, in Taipei

🏠 本書「幸福小窩的最佳必備項目」資料提供

A.MONO　www.amono.co.kr
newhousing　www.newhousing1.com
The Place　www.theplace.kr
東華自然地板　www.greendongwha.co.kr
Duomo&Co　www.duomokorea.com
did壁紙　www.didwallpaper.com
DESIGN PILOT　www.designpilot.net
rooming　www.rooming.co.kr
LE CREUSET　www.lecreuset.co.kr
REMod　www.remod.co.kr
MASSTIGE DECO　www.mastideco.co.kr
Mobel　www.mobellab.com
BYHEYDEY　www.byheydey.com
Benjamin Moore　www.benjaminmoore.co.kr
SANG SANG:HOO!!　www.sangsanghoo.com
Studio kamkam　www.kam-kam.org
SKOG　www.skog.co.kr

SECRET GARDEN&Co　www.esecretgarden.com
新韓壁紙　www.shinhanwall.co.kr
Icompany　www.icompany.tv
hpix　www.hpix.co.kr
WELLZ　www.wellz.co.kr
innometsa　www.innometsa.com
KISS MY HAUS　www.kissmyhaus.com
kitty bunny pony　www.kittybunnypony.com
furnigram　www.furnigram.com
paintinfo　www.paintinfo.co.kr
Focusis　www.koziol.co.kr
韓國傢俱Kartell　www.koreafurniture.co.kr
Hanssem　www.hanssemmall.com
Hansol homedeco　www.hansolhomedeco.co.kr
Hunter Douglas　wf.hunterdouglas.asia
Hntile　www.hntile.co.kr

신혼집 인데리어

幸福小宅
×夢想家

有效空間規劃，小房子多風格少預算的 DIY 改造實例

20
坪型

30

坪型

　　猶記得初次去房屋仲介公司看房子，以及躺在自己親手佈置的房間時，內心充滿了感激與些許的不安，即使經過了一段時間，那天的畫面還是會浮現在眼前。我的第一棟房子在記憶中如此清晰，就好像可以在空白的圖畫紙上完整描繪出來。第一棟房子對所有人而言，就是帶著這層重大意義。

　　我從冷颼颼的殘冬到酷熱的初夏，一共拜訪了二十對新婚夫婦的小窩。與心愛的人一起度過人生最美瞬間的新婚夫婦們，雖然在剛開始迎接我的時候，態度像對陌生人一般冷淡，但不久之後便毫不保留地表現出雀躍的模樣。既使在傾訴房子佈置過程有多麼辛苦，或者遺憾地告訴我因為金錢考量而不得不放棄某些堅持時，也看得出他們樂在其中。隨著時間流逝，對話的內容也越來越有深度，讓我不禁發出感嘆的次數也逐漸增加。因為他們看到其他房子裝潢的機會雖然不多，但在室內設計方面的想法卻達到了專業級的水準。不僅對於新房的佈置具有滿腔熱情，熱衷於室內設計的學習，更不排斥親力親為，將理想中的設計與現實條件折衷考量，以智慧解決問題。短則幾天，長則好幾個月，他們成為設計師，並再度化身為油漆工、陳列設計者。在這期間，他們找到了要領，也一再遭受挫折，但是表現卻相當出眾。這些用時間、熱忱和金錢等構築的新婚小窩，擁有非常高的完成度，例如採光不足的房子，就將之裝修得更為明亮；房子小就加強收納功能；有的房子還打掉原來的隔間，創造出原本沒有的客廳。他們懂得塗上美麗的油漆來掩飾斑駁的壁紙；換上四處奔波挑選出來的精緻吊燈，營造浪漫氣氛；或利用一塊色彩鮮艷的針織布打造異國風情，完成以傢俱為中心的風格。也有房子只換壁紙和地板，用自己一個個收集來的飾品佈置，呈現獨特的興趣和喜好；或是只使

用一張長型桌子，兼具電視櫃、電腦桌以及餐桌的功能。二十對新婚夫婦們的小窩，帶來二十個不同的故事，一一訴說他們在裝潢過程經歷的困難與挫折。

就像看見自己當初為第一棟房子東奔西走的模樣，聽著新娘笑著談到為了比價而在購物網站上瘋狂點閱時，我都會不自覺地頻頻點頭，能夠想像他們為了準備結婚與佈置新房而忙得不可開交的模樣——因為是自己要生活的的空間。有的新娘在婚前即使受到媽媽指使也從不打掃，現在卻早晚都勤加整理；有的夫婦回到自己從小生長的老家，卻急著想回到才入住不久的「幸福小窩」，連他們自己也覺得神奇。

我想大膽地告訴他們：所謂的家就是如此的存在。現在你們即將要在那棟房子裡生活，創造自己的故事，幸福的第一個小窩會因此而更加光亮耀眼，幸福也將日漸增長。

這本書收錄了二十個幸福小窩的樣貌，能看到多樣化的坪數、多采多姿的室內設計風格，以及新婚夫婦們的經驗談與實用室內設計訣竅等。彙總了這些寶貴的訪談內容，就像將書店裡許許多多的書濃縮成一本，相信能為大家帶來幫助。

在我第一次挑戰忙碌的雜誌工作時，感謝我的家人與好友們，總是以「一定會很棒」的話給予我鼓勵；感謝我的愛貓們，忍受急躁的主人熬夜寫稿發出沙沙的聲響；最後，還要感謝所有不吝於將私有空間展示給大家的新婚夫婦們。

幸福小窩要選擇
哪一種風格呢？

Natural & Modern Style
自然摩登風

木材、石材等天然的最好 ☐
灰褐色、象牙色讓自己感覺舒適 ☐
比起百葉窗，更喜歡棉布或亞麻布的窗簾 ☐
偏好不會讓人厭煩的原木傢俱 ☐
喜歡自然的花紋或圖案做成的飾品 ☐

Modern & Minimalism Style
摩登極簡風

主張不管什麼物品都應該收納好，眼不見為淨 ☐
喜歡金屬、玻璃或手感佳的布面等材質 ☐
比起彩色物品，更容易被灰色系或白色的物品吸引 ☐
喜歡設計簡單、功能完備的傢俱 ☐
需要有留白的空間 ☐

Nordic Vintage Style
北歐復古風

喜歡用簡單的圖案和顏色做大膽的搭配　☐
喜歡陳列色彩豐富的飾品　☐
餐桌上不能沒有花和蠟燭做擺飾　☐
容易被設計簡單又淡雅的傢俱吸引　☐
最好使用多功能的木質傢俱做收納　☐

Antique Style
古典風

對傳統懷有一種鄉愁　☐
喜歡深色地板，或想鋪人字形、斜紋的地板　☐
想擁有大馬士革圖案、花紋、變形蟲圖案的壁紙　☐
喜歡有飾邊的坐墊和有蕾絲的桌巾　☐
喜歡有存在感或華麗的雕飾　☐

Casual Style
休閒風

喜歡用自然的素材打造生動的質感　☐
想要靈活運用橫條紋、格子或圓點圖案　☐
喜歡奢華色調的沙發、原木餐桌或紅色鐵凳　☐
比起平凡無奇的空間，顏色對比強烈的空間更吸引人　☐
比起柔軟的地毯，更喜歡厚實的環狀地毯　☐

擬定幸福小窩的室內設計計劃

1. 掌握幸福小窩的優缺點

設計開始之前,對於裝潢新婚小窩該掌握的要領,並不只有把房子佈置得美觀氣派,必須知道房子的大小、格局、坐向、每個房間的寬度和高度等實際內容。接下來,房子最大的優點是什麼?自己感覺不足的地方是什麼?都要一一做筆記。經由這些過程才能計畫細部事項,像是客廳太小的話,考慮是否擴建到陽台;不滿意原本的窗戶或窗框的話,要決定以木工改造,還是只要換顏色就好?相反地,如果對現有的窗戶或廚房流理台很滿意的話,則應最大化運用這些優點來進行室內設計。掌握房子細部的優缺點,便能順利擬訂基本計劃。

2. 瞭解自己的喜好

裝修房子的時候,為了縮小誤差,裝潢的藍圖必須一再確認。交付給室內設計業者時,每個項目都要一再溝通,除非不管裝潢的結果如何,自己都能接受而不會有怨言,否則自己想要的居住空間是什麼樣貌,要事先思考清楚,並且將想法明確地傳達。自行室內設計時,就算只是挑選壁紙,也應該要親自決定種類、圖案甚至顏色。將整體的概念描繪出來非常重要,若不確定自己喜愛的風格走向,可翻閱相關雜誌、書籍,甚至從電影的某個場景中,尋找自己想要居住的空間。常常做這些剪報的話,一定會發現自己偏好挑選某種顏色、花紋圖案或某種設計感。根據這些內容,便能確定自己想要的設計概念。

3. 確定空間的整體風格

房子裝潢不會完全照著既定的計劃進行,即使決定了整體風格,也會因為發現其他喜歡的傢俱或色調,於是改變原本的設計概念,這種事經常發生。室內設計專家表示,如果房子主人偏好某種物品的話,訂立房子裝修計劃會較為容易。像是收集的餐具很多,或是喜歡收藏畫作和照片,希望運用很多畫框來佈置空間,這些裝飾物所具有的圖案或顏色,便會營造房子的主題風格。一般人會用「自然摩登風」,或最近流行的「北歐風」這些具有明確意義的詞彙,來界定房子的設計概念。試著將其中一個房間改造成全然不同的風格也不錯,例如將大器又舒適的書房打造成摩登的辦公空間,反而較不容易看膩。

4. 決定空間的用途

在新房狹小的情況下,若客廳和廚房位於同一個空間的對邊,可以利用空間共享的結構來佈置。如果想要明確區分兩個空間的話,可以利用較高的愛爾蘭餐桌、隔簾、書架等來當作隔

間，創造空間獨立的效果。若是廚房空間擁擠，則可以在客廳放大一點的桌子，讓客廳兼具飯廳、咖啡吧的功能也不錯。如果只有兩個房間，收納空間不足的話，大房間可兼具衣帽間的功能，還可裝修成電腦房。廚房空間不夠的話，冰箱和餐桌可以放在別處，陽台也可以活用當作書房。對於空間的運用，不要侷限於既有的觀念，設計也可以兼具效率與個性。

5. 編列裝潢預算

裝潢新窩要花多少錢？沒有人能夠確切地回答，即使房子的尺寸相同，是否進行木工或結構工程，裝潢費用就會不同。鋪地板的時候，要將原本的地板拆除，這些都是計劃之外的花費。再者，室內設計中光是一個單品，可以挑選的種類就有數十種，價格也天壤之別。一張古董椅，有數百萬韓圜的真品，也有相同設計卻價廉的複製品。要請專家設計或是自行設計，工本費上也有差異。室內設計的費用是依照經濟能力來決定，自己要正確地抉擇想在哪方面營造出價值。同樣的原則也適用於固定租賃的房子，想要選擇耐用一點的傢俱，在居住期間愜意生活的話，只要抓準預算即可。編列預算的時候，務必要多編10%的預備金，以應對預料之外的狀況。

6. 製作平面圖縮小執行誤差

拜訪幸福小窩一、兩次後，發現有的夫婦只用目測就買了家當，或配置了不實際的傢俱，這種窘境經常發生。要減少這種疏失，繪製平面圖是必要的。從各個空間的尺寸開始，到窗戶的大小、位置、開門的方向、動線都要註明。確定所有的尺寸，才能有效率地配置傢俱。特別是要自己進行室內設計的人，平面圖可以模擬不同的狀況。以製作廚房流理台為例，洗碗槽、料理台、家電收納的位置、抽屜要寬還是深、餐桌的長度和寬度等，在平面圖上看了所有配置，才能找到最佳的選擇。公寓的話可以在網路下載平面圖，或到最近的房屋仲介索取。年代久遠的別墅或住宅，則應該直接繪圖。若能有立體的空間圖更好，可以具體確定室內設計的樣貌。

7. 開始室內設計吧

室內設計一般分為拆除舊裝潢、配置管線、土木工程、粉刷、牆面工程、鋪設地板、壁櫥設置等工程，以及照明、窗簾、擺放傢俱等佈置。如果是請裝潢業者執行的話，大多只負責工程部分，如果要請他們協助佈置的話，必須事先與之確認。房子若位於公寓，裝潢前不要忘了向管理委員會報備；在工事進行期間，與左右鄰居告知施工日期並尋求諒解是必要的。買進新蓋的房子或是已裝修好的房子，如果要交由設計師佈置，買傢俱等單品的費用，最好由買家直接匯款，可減少過程中不必要的誤會。若想將室內設計完美地收尾，千萬不要急躁，變更結構、電路管線、空調設備等需要在入住前施工的部分，一開始就要慎重地計畫；佈置的部分也一樣，比起隨便掛上畫框，不如慢慢思考「畫要掛在哪裡，我們的家才會更美，畫框裡的畫才會更耀眼」。夫妻間享受愉快的討論是必要的過程。

讓狹窄的幸福小窩
變寬敞吧

1. 尋找隱藏空間，縮小廢棄空間

住家空間沒有善加利用是多麼可惜的事，藉由裝潢工程找找看隱藏的空間吧！通常公寓的天花板和上一層樓之間有10公分的空隙，不妨試試看將天花板往上推高一點，如此一來和同樣坪數的房子相較，空間看起來會較大。此外，壁龕的利用也是一個好方法，不需添置額外的傢俱，將牆壁挖出凹槽，活用空間，可以做為收納用或是裝飾；擴建窗戶也同樣有加大空間的效果。不想進行工事的話，可以活用廢棄空間。不要只從平面看待一個空間，像是兒童房可以設置雙層床架，上面的空間可以做別的用途；門向內開的話，門後的牆面用來收納小物也不錯。夾層房樓梯的下方、床腳附有抽屜的寢具、沙發底下、從玄關連接到走道的長牆面、對門房之間的空位……這些可以利用卻被遺忘的空間相當多。

2. 維持適量的家用品

在一個地方住久了，生活用品一定會慢慢增加。空間沒有變大，東西卻一直變多，舒適的空間離我們越來越遠，再怎麼打掃、整理也都覺得凌亂，造成房子看起來變小，甚至人的壓力變大的情況。在這情形發生前，控制家用品的數量和大小相當重要。用不著的物品大膽地處理掉；相同功能的東西若是重覆，留下一個就好；購物的時候，不是判斷這個東西好不好，而是考慮尺寸大小適不適合家中擺放？有沒有位置放？像清潔劑這種不具有效期限的生活用品，往往會預先大量購買，或是受超市的促銷活動誘惑消費，不知不覺中堆置的物品反而變成空間的主人。購物時不妨抱著「買一件就要丟一件」的心情，也許可以避免買進不必要的東西。

3. 使用明亮的顏色

如果目標是讓狹小的房子看起來舒適又寬敞的話，基本上優先選擇的顏色是白色、象牙色等明亮的色系。想要突顯用色的效果，冷色系更佳，藍色和綠色系可以使空間看起來有往後推的擴大效果。低彩度會看起來陰鬱，淡粉色系較佳。牆壁、地板、窗簾、寢具這些面積大的地方選用上述色系，會讓家裡看起來大一些。但值得注意的是，即使是明亮的顏色，同時用在很多地方看起來還是很呆板。如果空間看起來太過單調，可以製造一些亮點來調合，有設計感的小傢俱或裝飾品都很適合做亮點佈置，但是如果使用複雜、太大又過於華麗的花紋來佈置，則會造成反效果，壁紙或窗簾選用亮色帶有小而低調的圖案就可以了。利用間接照明打亮天花板和牆壁，也能獲得同樣的效果。

4. 收納系統化

所謂系統性收納，指的是考慮多樣化的室內活動，量身打造家中物品的收納空間，便於傢俱和器具的使用。最好的方法是使用系統性收納櫃，像是客廳裡訂製的電視櫃，可放置電視、各種遊戲機和其他零碎物品；收納廚房各類電器的大櫥櫃；組合衣架、抽屜的衣櫥等。系統櫃可以考慮放置物品的種類和樣式，調節深度和框架，以達到最大的收納效果。再者，系統櫃是根據家中的格局所訂製，選購時就不必為尺寸和陳設問題苦惱。如果覺得覆蓋整面牆的系統收納櫃過於單調，中間可以空出一塊做其他用途，舉例來說：廚具櫃的中間可以設置一個特別的洗手槽，看起來美觀，空間活用起來也更有效率。

5. 用多功能的傢俱減少傢俱量

有些傢俱雖然是生活必備品，也想用來營造新房的風格，卻佔用了不少空間，這是在佈置新房時作夢也想不到的現實。但若是床架下面附有抽屜，可以收納其他寢具用品，就不用再買其他的收納櫃。充分利用廢棄空間來減少傢俱量，可以使用所謂的「變身傢俱」──便於折疊、攤開和移動的傢俱、有很大裝飾效果的小傢俱等。舉例來說：家裡若有訪客，可以加長的餐桌便能派上用場。客廳裡附有抽屜可收納物品的桌子、可隨意加長加寬的組合式書櫃等，多功能傢俱通常有兩、三種用途，可有效縮減傢俱的數量，確保生活空間寬闊而有餘裕。

6. 傢俱靠牆面放置

放置傢俱的時候，要確保留有最大空間，再者，擺放的位置不能妨礙人行走的動線。在小空間放置大傢俱，會讓小房子看起來更小，因此傢俱最好靠牆面擺放，如此可以留下較多的空間。例如沙發面對面放的話會擋住走道，沉甸甸的床具放在臥室的正中央會分散空間，這些都是佈置小窩要注意的事。根據美術風景畫的遠近法原理，從遠處看，越靠近空間裡面的地方放大傢俱，越前面的地方放小傢俱，會使空間看起來更大。活用遠近法原理，在傢俱擺設上可以達到很好的效果。

7. 活用材質製造視覺假象

雖然不是真的擴大了空間，但活用有視覺效果的素材，可以讓房子看起來更大。這些素材包括鏡子、玻璃、壓克力等透明的材質。在玄關鞋櫃前的牆面掛上一面鏡子、浴室收納櫃的門做鏡面，能使空間放大兩倍。不管是有玻璃門的櫥櫃，還是玻璃做的裝飾品，亦或是用堅固、透明的壓克力取代笨重的木材來製作架子、畫框、凳子、客廳茶几等，放在房子裡再好不過。不喜歡從玄關直接看見客廳的話，可以使用壓克力或玻璃來遮掩，既能夠區分空間，又可以維持開闊的感覺。浴室的淋浴間也可以採用透明玻璃隔間，即使空間狹小也不會覺得鬱悶。當然，這種材質忌諱過度使用，因為看起來反而會感覺複雜、凌亂。

專為迎接訪客所打造
的室內風格

1. 屋內選用花朵裝飾

家裡乾淨俐落，但好像少了些氣氛，不妨試試挑選三、四種顏色豐富，又分別帶有不同氛圍的花朵插在每個房廳內。客廳裡可以插上一支長而華麗的花朵；床旁的邊桌則適合用可愛的花束妝點，就像新娘捧花一樣，感覺浪漫而美好。若是家中沒有花瓶，可以用食器或空的玻璃瓶來替代。用幾個玻璃瓶將花長短錯落插放，放置在玄關桌上，會給空間帶來韻律感。

2. 不同的傢俱配置

只有夫妻倆生活的時候，和一群人聚在一起的傢俱配置不可能相同。簡單地將大沙發推向窗邊，讓客廳變得寬敞些；桌子放在客廳正中間，四周都可以圍著坐人；廚房不夠大的話，將桌子放到客廳，可以當飯桌或泡茶的地方，這樣因為準備料理而顯得凌亂的廚房就不會被看見，可謂一石二鳥。若想多營造出自己的品味，也有漂亮裝飾傢俱的方法。例如家裡的椅子通通都要使用，而椅子的設計和顏色又不出色的話，可以使用好看的抱枕或靠墊覆蓋在椅背上，讓不同的椅子擁有一致性，客人受到這樣俐落又特別的招待，心情也會更好。

3. 開放空間暫時遮蔽

如果家中屬於開放式空間，東西再怎麼整理都有一定的侷限，邀請客人時暫時遮蔽凌亂的地方，也能順道顧及隱私。舉例來說，書櫃中間有幾格沒有放書，而是放一些零碎的小物品，這時候可以用像茶巾般有色彩和設計感的布巾，附在書櫃上，當作布簾使用；也可以乾淨俐落地遮蔽愛爾蘭餐桌下方放置餐具之處。如果還有其他凌亂的地方，或是電線全部糾結在一起的話，就在前面放一張畫吧！除了可以遮蔽該遮蔽的地方，展現的設計品味也能贏得訪客的讚賞。

4. 讓家中散發香氣

室內設計不只侷限於視覺，走進這個空間的時候，散發的幽香氣息更會讓人留下深刻的印象。在訪客到達的前一、二個小時，點上香精蠟燭，或是在每個房廳放置適量的精油薰香；浴室裡提供給訪客用的毛巾，稍微噴一些清淡的香水；飲用水加一點檸檬去除異味。時間急迫的話，可以噴一些芳香噴霧劑遮掩料理的味道。但是不管用什麼方法，千萬別讓香味太濃，以免引起不舒服的感覺。

挑戰自助式室內設計

1. 選擇易於挑戰的部分

請放棄想要自己完成每一個室內設計步驟的念頭，這會讓你備感負擔，因為一定會有某個部分需要借重專家來完成。首先要區分哪些是可以自己設計、佈置的地方，哪些部分需要請專家協助。一般而言，油漆、貼磁磚、鋪地板可以自行打理，甚至拉管線或吊燈也有可能自己完成。但是像拆除牆壁改變房子格局、打掉門檻、窗戶改建安裝，這些事就算想要自己完成，若沒有師傅等級的功力，還是存在著困難。同時也要考慮到時間問題，專業部分還是交給師傅吧！

2. 訂立室內設計的日程

室內設計的各個階段如果不能順暢銜接，失誤就會層出不窮，像是要把貼好的壁紙撕下來拉管線，或是鋪地板之前，冰箱和其他大型傢俱就已送達，這些狀況都相當棘手。施工當中，能夠同時進行的事，就應一起進行以節省時間。為了有效率地進行下一個階段，等待的空檔也要善加運用，像是第一次粉刷和第二次粉刷之間，便可以進行其他工程提升裝潢效率。大部分的屋主必須利用週末進行裝潢，約有2～3個月要放棄悠閒的週末，連續兩天的工作天，可以像上述的方式一樣，妥善利用時間安排所有待辦事項。

3. 事先模擬

為了提高室內設計的完成度，最重要的就是做好整體搭配。但是色彩是一個領域、傢俱又是另一種狀況，雖然解決了零星的問題，整體結果總是不如預期。對於沒有室內設計經驗的屋主來說，在處理每一個項目之前，都要做好全面的考量。試著走一趟市場調查，收集壁紙、布料、磁磚的樣品型錄，進行搭配的模擬。繪圖、貼上樣品，看一下搭配的效果，或是以電腦模擬搭配後的模樣。沒有樣品型錄的話，用著色的方式，掌握不同顏色搭配的狀況。覺得這些過程太過繁複的話，可到磁磚或地板公司的網站，觀看施工後的樣貌，或以電腦程式進行模擬。

4. 收集自助室內設計的情報

決定拿出勇氣自己動手做室內設計的話，首要之務就是收集情報，找尋室內設計相關的書籍、雜誌和網站。加入相關的網路社群，像是有數千、數萬名會員的討論區，註冊會員可以挖掘無窮無盡的資訊。有些討論區裡的會員，會展示自己打造的多樣化房子，也會條列室內設計用品的購買處，在討論區裡可以吸收經驗豐富者所提供的成功祕訣，提出疑問的話，也可以獲得很多建議。

自助室內設計
Plus Info

•畫框

打造室內風格的時候,最容易取得的一項裝飾品就是畫框,不但尺寸大小、數量選擇很多,畫框裡的內容不同,感覺也不相同。摩登的空間裡,黑色或白色的金屬邊框很協調;如果房子屬於自然的氛圍,就搭配木質畫框;想要古典的感覺,有華麗雕飾感的畫框最合適。畫要掛在牆上時,位置和數量很重要。以牆壁的水平線為重心,並排兩三幅畫可以帶來穩定感;不對稱的掛法另有一種洗練的感覺;或是將幾個畫框集中在一個地方,佈置成有故事性的主題空間也不錯。走道很長的話,在地上並排幾幅畫也很酷,這時候設置間接照明,會讓畫框裝飾效果更顯眼。

•照明

咖啡館或餐廳之所以有很棒的氣氛,都要歸功於照明。照明可以突顯環境優點,彌補環境缺點,是室內設計最棒的裝置。立燈和壁燈可以營造空間所需的氣氛;廚房裡使用便利又明亮的白熾燈或滷素燈;臥房則用桌燈打造朦朧美感;在客廳裡裝盞落地燈,會讓天花板看起來較高。壁燈或吊燈的設置,以眼睛不能直視為標準,裝在比眼睛高一點的位置最理想。即使在關燈的狀態,燈具本身也有視覺效果,所以購買的時候,也應該考慮燈具的造型和顏色。

•層板

不論是裝飾小窩的牆壁或是協助收納,層板都是絕佳的選擇。可以直接去材料行看過實體後挑選,或是透過網站訂製,有的網路商店可以依照消費者需要的寬度和厚度做裁切。既有的成品選擇也很多,底板不只有木質的,也有玻璃、壓克力、不鏽鋼、鋼材等種類,木材也分原木或密集板等多樣選擇。將層板固定在牆上時,因為要釘支架,容易造成磁磚碎裂,要特別小心。喜歡乾淨俐落的風格的話,則可以選用隱藏式支架的層板。

•壁紙

由於壁紙會左右家中的氣氛,所以要慎重挑選。先依家中的設計風格挑選適合的基本色調,然後在不同的房廳貼不同的顏色,或是統一一個顏色。若是只在一兩個地方貼特別的顏色製造亮點,這個亮點要避免太過華麗,或是顏色和其他地方不協調,因為亮點的地方引人注目,所以要特別小心。壁紙的價錢差異大,顏色和種類也十分多樣,佈置可以挑選中等價位的紙質,選擇多也比較實用。絲質壁紙則是有能用濕抹布擦拭的優點,將來清潔比較容易,也可以列入參考。

•貼膜和壁貼

這類的項目價格經濟實惠，初學者也可以嘗試，只要把附有黏膠的內裡撕開就可以貼上，很容易打造出某種氛圍。在牆壁上，可以貼上木板花紋、磚塊花紋的貼膜；廚房則可以用磁磚花紋的貼膜；房門可以貼木紋的貼膜。在裝潢上，貼膜和貼皮只有厚度和製造方法上的差異，價錢和效果都差不多。適用於亮點裝飾的壁貼，則可以營造美麗可愛的氣氛，從花草、樹木、鳥等自然主題的類別，到美術字、紋飾、幾何圖形等，可以挑選的種類非常多。

•布製品

窗簾、寢具用品、抱枕布套都可以挑選喜歡的布來製作。懂得縫紉的人，也可以自己縫製比較簡單的項目，或是只買布料，花工錢請人製作，前提是要確實掌握尺寸的大小。打算用布來製作兩種以上的傢飾時，花色的搭配要把握一個原則，一種花色做大和寬的東西，其他的花色就做小的東西。舉例來說，如果客廳打算掛上粗線條的窗簾布，碎花布就只能做像抱枕這樣的小東西。如果同一個空間想放幾個小抱枕，可以用相同花樣、不同顏色的布；或是相同顏色不同花樣的布來搭配。

•油漆

在打造俐落年輕感方面，某些要漆油漆的項目可以用電腦配色，來表達自己想要的感覺。油漆分為無光漆和遮光漆，即使相同的顏色，光澤感不同，感覺就會不同。無光漆具有一種高貴感，而被稱為「蛋殼光」的遮光漆則有蛋殼般的光澤，刷上這種油漆後可以用濕抹布清潔，非常適合自助裝潢者。要漆油漆之前，一定要先確定天氣狀態，下雨天濕氣高，油漆不容易乾，會產生黏糊或沾住異物。另外，除了善用油漆滾筒外，用毛刷處理較細節之處，可以提高完成度。

•磁磚

浴室和廚房用磁磚，除了傳統的種類外，也有一些便於施工的磁磚，像是和膠帶一樣撕下就能貼的附膠磁磚，或是由好幾個磁磚串連的馬賽克磁磚。貼磁磚之前，先將要貼的地方整平，用市售的便利塗料先行填補；貼完磁磚後，磁磚和磁磚間要塗上白水泥以縮小間隙，在白水泥乾掉之前，務必抓緊時間把沾到白水泥的磁磚表面擦拭乾淨。為了維持磁磚間隙的整潔，有些人會塗上亮光漆，最近無間隙鋪磁磚法也漸漸盛行。

My First
Marital Home
Interior

10坪是大多數新婚夫婦或初次購屋者常見的坪數，不足的收納空間、單調的格局，缺點真不少。覺得空間不足嗎？接下來介紹的新婚小窩，教你如何打造具有多種機能的複合空間。不畫地自限地空間配置，將壁櫥和小傢俱發揮得淋漓盡致，跳脫「小房子就應該這樣」的傳統思維，把理想中的色彩和風格具體實現。在旁人看來很小的坪數，卻成為這些新婚夫妻們滿意破表的10坪幸福小窩。

10

坪型

廚房是這對夫妻對於新婚小窩最滿意的地方，
兼具裝飾性和實用性的愛爾蘭餐桌是必備單品。

改造老舊別墅
溫暖的
普羅旺斯風格

房屋型態：別墅
坪數：12坪
格局：客廳、廚房、臥室、浴室、洗衣室&副廚房、玄關
設計&施工&傢俱製作：PARIANN的室內設計故事（blog.daum.net/dwgingcho）
總費用：2千萬韓圜（約51萬新台幣）
（地板工事、木工、防水工程、隔音工程、電路管線、廚房傢俱工程、浴室工程、窗戶施工、組合傢俱）

這對只熟悉公寓生活的夫妻面對要全面翻修的別墅，雖然心情有些忐忑不安，但是能從婆家搬出來擁有自己的房子，卻是件令人開心的事。由於是自己的小窩，再怎麼打掃、清潔都不嫌麻煩，只要能佈置好房子就行。入住普羅旺斯風格的小窩已經一年多了，房子依舊像新的一般閃閃發光。

才12坪的房子就有三個房間，加上是30年的別墅，怎麼看都不適合當作新房。任善熙和朴泰成夫婦在結婚前就以重建為目標，投資買下這間別墅，結婚一年半便成功入住。一直以來生活在公寓的兩個人，對於別墅有些陌生，房屋的狀況更是糟到讓他們心煩。

「完成重建要花很多時間，那就翻修到可以住人吧！因為頂樓有屋頂，我們還找了朋友一起幫忙擦防水漆。這裡以前都是由房客居住，舊屋主看起來並沒有心要重新維修或佈置。」

在丈夫為房子傷腦筋的同時，妻子則忙著打聽優良的裝潢業者。要將室內設計完全託付給專家，並相信他們能掌握房子的狀態也是一種冒險。事實上，雙薪家庭的夫妻很難有時間仔細地監工，只能利用下班時間或週末到現場確定施工狀況，即使如此，這對夫妻也非常享受別墅翻修的過程。

「婚後我們一直住在婆家，擁有自己的小窩才好像有了新婚的感覺。翻修別墅的心情就像準備結婚時一樣，內心感到非常雀躍，連覺都沒睡好。搬家前也是，東西一點一點地買，期待著那一天到來。連和房子不搭的擺飾都買了，可見那時心情有多急躁。」

超過三週的工程期完成後，夫妻倆親自做起打掃工作，那時浴室還尚未完工，必須到三溫暖去洗澡，對他們而言，過程辛苦卻甜美。回憶起往事，至今畫面依舊栩栩如生，夫妻倆的臉上充滿微笑。老公出生以來第一次離開父母身邊，那時才體會到老婆出嫁時的感受；想著是自己的家、自己的生活，裝修房子的大小事他們都必須積極面對，經歷只屬於他們自己真實且獨立的過程。

用剩餘的木材製作電路開關和配線盒，房子一點一滴地完成。

普羅旺斯田園風廚房

　　夫妻倆雖然都喜歡簡潔明快的風格，但裝潢新房好像是新婚時才有的機會，所以他們選擇了普羅旺斯的風格，廚房則是打造此氛圍最成功的地方，也成為這個家的重心。白色原木的愛爾蘭餐桌、具有一致性的廚房傢俱，搭配手感獨特的木質材料，緩和了白色給人的冰冷印象，營造出自然的氣息。

普羅旺斯風的氛圍
1 老師傅打造的拱形門，顯得細緻和真誠。
2 廚房建造大收納櫃，用來補足打掉上壁櫥所減少的收納空間。

1　　　　2

Kitchen

拆除上壁櫥，被遮蓋的窗戶再次復活，讓廚房充滿陽光。

將牆壁中央挖空，縮減空間的單調感，也成為廚具的指定席。

1 收納櫃的側面釘上置物板，裝飾普羅旺斯風的可愛小物。
2 多重手工完成的木質門板，就算不小心刮傷，只要漆上油漆就能修復。

以普羅旺斯風格裝潢的白色廚房。

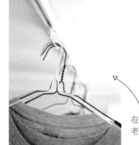

在天花板上以窗簾掛鉤當曬衣架，
老公的點子非常適合小房子。

老婆不愧是家事達人，
在收納箱上貼標籤來區分物品。

廚房和小房間以牆壁區隔，既是洗衣室又是副廚房，甚至
還放了衣櫥當作收納空間。

　　廚房最大的改變是將上壁櫥拆除，原
來被遮蔽一半的窗戶可以完全露出來，
灰暗的感覺一掃而空。雖然少了收納空
間有點可惜，但採光變好，居住品質也
提升了。

　　「一開始，原本流理台要延伸到隔壁
的小房間，但是想到之後如果要出租的
話，房間數很重要，還是多留一個房間
比較好。」

　　於是他們把小房間的門拆掉，用牆當
作和廚房之間的區隔，將小房間打造成
多用途的廚房附屬空間。為了讓這隔間
的牆不單調，還特別打造一扇窗戶，採
用多種顏色的磁磚，和白色的廚房相輝
映。在這附屬空間裡，可以放置像冰箱
這類的大型傢俱，也可以同時身兼放洗
衣機的陽台。

佈置多機能客廳

　　這間房子原本沒有客廳，因此要從三個房間選出一個賦予客廳的功能。關於這點，夫妻兩人意見相左。老公認為大房間應該當臥房，小房間做客廳；但老婆的意見剛好相反。結果就像大部分夫妻會做的決定——遵從老婆大人的意見。準確地說，大房間除了是客廳，還成了衣帽間和電腦室，是綜合多種機能的複合式空間。

　　「收納當然最傷腦筋！」因為兩個人都很喜歡購物，包括衣物等零碎的物品特別多，買了三個基本款的衣櫥，才將東西差不多收納完成。衣櫥有80公分深，裡頭的空間十分充裕，這樣雜亂的衣架才不會被看見。此外，由於房子緊鄰馬路、灰塵又多，有門的衣櫥是必備的。近來每間房子幾乎都有做壁櫥，因此他們故意選擇便宜的衣櫃，之後如果搬家的話，衣櫥即使不帶走也不會感到浪費。生性愛整潔的老婆，常常改變衣物的位置，老公偶爾會因此混淆，找不到自己的衣服。相較於老婆勤於打掃整理，老公則以栽培綠色植物來表達對家的真心愛戀。

活躍的複合空間
1 窗台上放置老公親自
移植栽培的植物。
2 夫妻大部分的時間在
客廳度過，客廳同時具
備收納和休息的機能。

2

Living Room

1 以收納為主，看電視、上網，甚至化妝都行
的客廳。
2 珍藏戀愛七年間的回憶。

　　陽光灑進來的時候，窗邊盆栽青翠的綠意，減少了別墅群外部景觀的索然無味。放置盆栽的地方，是翻修時特別製造的。他們在裡窗和外窗留有的空間，用木板做出牆面和窗台，雖然改裝窗戶多花了一筆費用，但卻因此創造出放置盆栽的位置，使得盆栽和客廳的圓弧形門互相搭配，讓人盡情感受普羅旺斯風的多樣元素。

小而實在的臥房

　　打開洋溢普羅旺斯風的木製門就是臥房，每次開關這扇木門，便能感受到臥房的獨特。預料之外的隔音牆面工程，使得原本就不大的房間更小了，床具的尺寸必須斤斤計較，配置傢俱的計劃也變得徒勞。

　　婚後唯一買的傢俱——床具和五個抽屜櫃，也因為空間放不下而捨棄了床框。但是只放床墊和抽屜櫃的臥房，卻意外變得簡潔又雅緻，因為採光佳，淡黃色的壁紙也帶來溫暖的感覺。床尾放著開放式層架，便於收納零碎的雜物，乍看之下也很像床框的一部分。

散發溫馨的淡黃色臥室

1 唯有必需品可以進駐的簡潔臥室。
2 特別設計的窗戶，打造獨特空間氣氛。
3 置物櫃放著象徵家族成員的豬寶寶來裝飾。

Entrance

玄關移走鞋櫃後，以結婚照來裝飾寬裕的空間。

改變鞋櫃位置的玄關

　　翻修過程中，最慌亂的小插曲大概非玄關工程莫屬了。他們當時想要改變鞋櫃的位置而將之拆除，打掉鞋櫃後，居然可以從牆上的窟窿看到隔壁鄰居家的鞋子，原來當初兩戶人家只隔了塊微薄的合板，鞋櫃背靠著背。這樣的狀況讓他們決定增加隔音工程，隔壁緊鄰的小房間變得更窄就是這個原因。而這也讓他們再次感受到老別墅隔音、隔溫的不周延，是多麼令人頭痛的一件事。

　　「雖然想做整體的隔溫工程，又擔心室內和室外溫差太大，容易滋生霉菌。從那老舊破裂的玄關門縫颳進來的風真的很冷。」

　　進行裝潢的過程中，才發現牆和地板會有難以察覺的細部問題，因此裝潢的時間拉長，預料之外的費用也增加了。稚嫩的新婚夫妻在生活中，一次又一次地領悟家這個空間會發生的各式問題，也學會任何事都需要未雨綢繆。

Floor plan

玄關壁面下方
也不遺漏地以磁磚裝飾。

具清涼感的長方形浴室

這間浴室像走道一樣狹長，老婆想用和廚房牆壁不同顏色的馬賽克磁磚來裱糊。最後，浴室的牆和地面的磁磚使用了對比色，一掃浴室空間的單調感。前房客為了活用空間，將洗衣機放在浴室裡，這對夫妻做了不同的決定，將洗衣機放在廚房的附屬空間，然後利用原來的地方設置淋浴間，浴室因此變得乾淨又便於使用。

打造完全屬於兩人的世界是無比興奮的，不是新婚的話難以經歷這等一生一次的大事。他們結婚至今已經三年，這棟離開婆家後所打造的新婚小窩，由於房子年代久遠，裝潢費用也跟著提高，讓這對夫妻感到非常苦惱。房子翻修完已近一年半，他們保持房子整潔的態度和剛完工時沒有兩樣，擅長打理家務的老婆和自動管理「我的房子」的老公，愛家一如往昔。他們雖然有遲早要搬家的計劃，卻對房子已經產生了感情而捨不得離開，延遲搬家計劃的想法讓他們猶豫不決。即使有一天將搬去第二個家，第一間的新婚小窩也會深植在他們心中，永不褪色。

Bathroom
配合浴室空間，
洗臉台、馬桶、淋浴間排成一列。

普羅旺斯風格的
室內裝潢法

給門板
一些變化

想要在現代化住宅空間裡打造田園氛圍，只要改變窗戶、房門、櫥櫃門就可達成。如同這對夫婦的做法，圓弧形的拱門、向兩側打開的臥室門等。如果可再活用鐵網門的話，會有更新鮮的效果。經過打磨作業的木製門極具質感，用手觸摸時觸感相當特別。

靈活
運用磁磚

既然是普羅旺斯風格，磁磚是必備的要素。即使不能使用傳統風格那種陶土燒製的磁磚，牆壁或地板也可試著選用褪色蠟筆色調的磁磚，運用幾種不同的花色搭配裱糊，置身其中不但感覺清爽，還有一番復古氣息。

搭配
可愛的擺飾

令人感到舒適的普羅旺斯風，自然界的花草、樹木是不可或缺的題材，以白色為基調的房子，加入植物、花飾、水果造型的廚房用品等小物，能夠增添豐富的層次，對打造普羅旺斯風極有幫助。

不只是牆壁，連玄關門都不遺漏地漆上鮮豔色彩。

申景恩・閔承德夫婦的
19坪公寓

自行設計北歐風格
散發手工氣息
的小窩

房屋型態：公寓
坪數：走廊式19坪
格局：客廳、廚房、臥室、浴室、洗衣室、倉庫、玄關
總費用：1千2百萬韓圜（約31萬新台幣）
（地板工事、粉刷工程、廚房傢俱工程、浴室工程、陽台擴建、其他）
部落格：blog.naver.com/19830627

即使是夫妻，也不會什麼事都意見相同。況且是剛剛結婚的夫妻，關係像稚嫩的棉絮，如果按各自的喜好來佈置一個家，裝潢絕不容易進行。申景恩和閔承德夫婦彼此協調不同的意見，佈置完成近似北歐風格的家。

　　喜歡佈置、對室內設計有很多想法的老婆，以及在工藝方面有一雙巧手的老公，兩人毫不猶豫地決定要挑戰自助式室內設計。他們將每面牆漆上底漆，前後粉刷三次，跪在地上鋪設地板，連施工過程都要親自處理的自助式室內設計，比想像中要困難得多。在想方設法讓空間看起來更寬廣的同時，他們為屋子建立了良好的底基，等待風格營造的完成。

　　「我想要把房子佈置出溫暖又洗練的感覺，平時就喜歡北歐風格，自然認為可以運用在裝潢上。」

　　然而老公卻有不同的想法，和偏好趣味可愛風的老婆不同，老公連牆壁上釘一個置物板都很避諱，他喜歡簡潔明快的風格。意見相左的兩人，在讓步和妥協中，花了兩個多月的時間，才順利完成室內設計。

　　傢俱全部選用木質材料，在不同的空間漆上不同的油漆給予變化。利用色彩豐富的小物為空間帶來活潑感，打造符合新婚小窩的氛圍。他們為了找尋這些適合房子的裝飾品做了很多努力，仔細閱讀許多相關雜誌，於網路商店搜尋並做市場調查，在品牌舉辦特賣會時，趁機購入超值的商品。若是由於時間緊迫，東西成套一起買，或是粗略挑選、草率購買的話，將來會後悔也不一定。

即使需要花費很多時間，夫婦倆也應該要慎重挑選家中的每樣物品，堅持追求自己的風格。這樣做，會讓夫妻倆對家這個空間的眷戀更加濃烈。

閔承德夫婦結婚至今已經一年半，妻子最近一邊上班，一邊準備經營傢俱與傢飾的室內設計購物中心，在精挑細選販賣的商品時，過去佈置新婚小窩的那段時光便在腦海中浮現。現在，要跳脫出自己的家，幫別人佈置房子。從發想開始，就讓她內心激盪不已。

即使狹小也能舒適生活的客廳

利用側開的拉門隔間，可以讓客廳變身為多功能空間。在擴建陽台的同時，留下兩端耐力壁的獨特型態，在空間的規劃上並不容易。首先，將衣服、寢具和各種雜七雜八的生活用品整理好，並收納於壁櫥。丈夫的書桌放在另一邊，方便使用電腦，還要兼顧能輕鬆看電視的休息空間，讓客廳成為整間房子的生活重心。他們為了讓家中這個最常被使用的地方，可以進行多樣化的活動，各自訂立了使用細項。

愜意的多功能客廳

1 兼具客廳、衣帽間、書房的多功能複合空間。
2 拉門式壁櫥前方，以木質造型傢俱來佈置。
3 角落放置和新房相襯的飾品。
4 可以調節角度的檯燈給予空間雅緻感，是間接照明的一種。
5 在陽台耐力壁的後方將零碎的雜物收整後放置。

Living Room

客廳壁櫥對面是使用電腦的空間，書桌是老公的作品，手作傢俱的優點是可以依照需求搭配尺寸和顏色。

「必須挑選便於使用的傢俱，大尺寸傢俱只會讓家看起來更小，符合用途的小傢俱比較實在。客廳的桌子也能當作餐桌使用，沙發依照個人喜好挑選小而輕的款式，還可以輕易更換擺放位置。搬家後即使買了大沙發，將現在所使用的兩人沙發放在房間裡也不錯。」

空間不夠時，則需要改變策略，不要死板地區分空間的功能。譬如，廚房狹小的話，就必須將冰箱放到陽台；若擴建陽台後仍沒有曬衣空間時，則必須將衣服晾置在客廳。「顏色」是讓多功能的客廳看起來不會雜亂無章的要素，牆壁的照明、燈罩、電腦桌的桌腳、椅子等，黑色在客廳裡無所不在。因為黑色能製造出沉穩的氣氛與簡潔感，選用深色系還可以遮掩空間上的缺點，穩固地支撐客廳的整體設計。

Francfranc（編按：日商生活雜貨品牌）的抽屜櫃與牆壁的顏色十分協調。

不使用粉紅色也能可愛地佈置新婚臥房

　　在唯一的房間內，僅放置床與抽屜櫃就佈置完成簡單的臥室。除了沒有多餘空間這個實際理由外，也是這對夫婦的理念──臥室能有舒適睡覺的氛圍最重要。因此他們在小小的房間中，努力地營造出臥室該有的感覺：將房間漆成神祕高貴的紫羅蘭色，並以抱枕和彩度高的飾品來呈現年輕夫婦的朝氣蓬勃。雖然大部分的新婚小窩都愛選用粉紅碎花圖案，但他們卻依著自己的喜好來佈置小窩。

　　「選用不同的樣式圖案，空間的氣氛就會有所不同。即使只是布製品也能多少做點變化，但臥室用品的布套都是既有的成品，找不到自己喜歡的。最後，我們購買北歐風格代表品牌『Marimekko』的整捆布料，並到東大門請人製作。」

　　這間臥室還藏了一個祕密：床沒有使用床架，而是直接用二個床墊重疊。不過夫妻倆基於健康理由，且考慮寢具的耐久性，堅持床墊一定要在專賣店購買。

　　因為沒有床頭櫃，原本打算在乾淨的牆面掛上置物板，後來將使用不到的一部分桌面切割，代替置物板，就如同他們以獨特的點子製作出床舖一樣，成功完成了這項裝置。

豐富的臥室布製品

1 四四方方如娃娃屋般的臥室，洗練的顏色給人協調的感覺。
2 在單調的臥室中，層板與抱枕的裝飾增添了空間的豐富性。
3 掛上大圖案的窗簾，就好像掛上一幅畫，有圖框的效果。

Bedroom

43

Kitchen

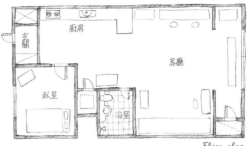

Floor plan

增進食慾的黃色廚房

　　由於一進家門就會看見廚房，屋主很擔心廚房因收納空間不足看起來凌亂。當初裝潢廚房，目標就訂在確保足夠的收納空間，並且在視覺上提高滿意度，畢竟是踏進家門就會暴露在大家眼前的空間。

　　流理台是老公親自繪圖找業者製作的，並以愛爾蘭餐桌代替一般餐桌，上壁櫥採長條型設計，看起來更寬。

　　白色的廚房為了刺激食慾，採用極為顯眼的黃色磁磚。流理台的對面是斯堪地納維亞風格的收納櫃，從各地精挑細選的物品就陳列在此。在他們眼中，與其將廚房遮掩起來，不如把它打造成具有吸引力的空間。結果這個狹小又地處尷尬位置的廚房，搖身一變成為人見人愛的空間。

位於走道的廚房大改造

1 從玄關中看到的廚房，長長地連接到客廳。
2 黃色磁磚和五彩繽紛的廚房用品，搭配出來的效果讓人不由自主地微笑。
3 開放式的餐具收納櫃位於流理台對面，使狹小的空間有擴大的效果。

設計出眾、色感顯眼的廚房用品成為優秀的裝飾品。

Bathroom

打造實用的浴室和洗衣間

　　浴室工程從防水處理到磁磚施工都是由老公一手完成，為了讓空間更寬廣舒適，第一個動作就是拆除老舊的浴缸，也沒有另外隔出淋浴間，以免造成壓迫感。牆壁選擇和地板同樣光澤的黑色磁磚，色彩鮮豔的洗臉缽和蓮蓬頭相當協調，組成了一個高質感的浴室。洗臉缽和洗臉台是在一個偶然的機會中，僅僅以六萬韓圜買到手的，這些在自助室內設計過程中經歷的趣事，現在都成了他們的回憶點滴。

　　這個房子最特別的地方在於坪數小，卻能擁有兩個儲藏室。其中在浴室旁邊的儲藏室被當作洗衣間使用，大小正好能放入一台洗衣機，上方的置物板可以放洗衣粉或收納要洗濯的衣物。洗衣間的門以訂製的羅馬捲簾代替，圖樣與顏色強烈的羅馬捲簾悄悄地藏起洗衣間，有助於打造整個房子的設計風格。

　　專攻美術的老公施工實力不亞於裝潢老師傅，老婆則用可愛的生活用品和傢俱打造出簡潔明亮的空間，因此兩人佈置新婚小窩比誰都順暢。為了自己的家，不論是對必要花費斤斤計較，還是汗流浹背地東奔西走，在十年或二十年之後，都是他們甜美的回憶。

小空間的
顏色活用法

idea 1

全面確認色
卡和型錄

當房子實際坪數很小，卻希望讓空間看起來很大時，不要僅執著於白色。除了顏色之外，傢俱的尺寸與配置，利用鏡子所產生的視差等，有多樣的方法能讓空間看起來更寬廣。與其使用單一且呆板的白色製造出沉悶的氛圍，不如大膽地選擇自己所喜歡的一、二種顏色來活用，在看顏色小卡挑選油漆的同時，務必確認同種顏色漆成大面積時的感覺，若無法在實際的空間看到，則必須在樣品目錄中再次確認上色的感覺。

idea 2

選擇適合
空間的顏色

客廳用卡其色、廚房用黃色、臥室用紫色、玄關用藍色等，不同的房間可以看到不同的顏色。在停留時間長的客廳使用能給予沉穩與安全感的卡其色；在出入門的玄關使用能讓心情愉悅的藍色等，依照不同的空間特性選用不同的顏色。透過顏色能消除心中的煩悶，並能賦予各個空間不同的個性，在空間區隔模糊不清時，改變大牆面的顏色就有自然區分出空間的效果。

idea 3

降低色調
帶來平靜感

即使同樣是黃色，也會依彩度的不同而有不同的感覺，在選擇主色與另外一、兩個重點顏色時更是如此。每一個空間有主要色調時，彩度的選擇就會格外重要。閔氏夫婦選擇彩度低的顏色，相對地，他們對話時語調也變低了。粉蠟筆系的顏色淡淡的不刺激，在心理上會帶來安全感，此類顏色在狹小的空間中並不會衝突，反而會彼此協調，帶來有趣的空間。

拆除大房間和走道之間的門，設置一字形的多用途桌子，
打造動線順暢、舒適的空間。

金世熙‧朴玄彬夫婦的
17坪公寓

有效的空間規劃
提升小房子機能

房屋型態：公寓
坪數：階梯式17坪
格局：客廳、廚房、臥室、浴室、陽台、多用
途室、玄關
設計&施工&傢俱製作：2n1設計空間
（www.2n1space.com）
總費用：3千2百萬韓圜（約82萬新台幣）
（地板工事、牆壁&天花板粉刷、廚房傢俱工
程、浴室工程、壁櫥工程、照明工程、百葉窗
安裝）

一眼望去，看起來跟其他房子沒什麼不同的老公寓，不僅天花板很低，坪數
也很小，但是經過改造之後，卻能夠面面俱到，規畫空間的創意十分符合新
婚小窩的主題。

「貪得無饜」——想用一、二句話來形容這間房子的話，這個詞最為
貼切。公寓很舊很小，先天條件不良，但是他們沒有一開始就放棄，也
沒有為了克服條件限制做了過度的挑戰。他們所謂的「貪心」，是指在
條件的限制下盡全力的意思。

女屋主的新婚生活是這樣開始的。找房子的時候，新蓋的公寓不多，
新房選擇的範圍也就不大。在考慮找尋住商大樓的過程中，買進了一間
十五年的國宅。這間房子耐力壁很多，施工改造有很多限制，一個必須
當客廳用的大房間，一個長寬兩公尺多的小房間，連接玄關到大房間的
走道上，有一面是廚房……沒有一個空間可以充分展現原本的功能。於
是他們一邊準備結婚，一邊尋找的不是裝潢業者，而是一個全新的創意
——能夠解決新房收納問題，主導整個設計。老婆不只希望在居住期間
可以生活便利，還希望這間新居將來可以做為理財生錢的工具。除了居
住用途外，還能發揮住商大樓的特性，佈置成可以出租的房子。基於這
樣的計劃，只能絞盡腦汁，有效地規劃空間。要把天花板推高讓空間看
起來大一點嗎？還是把房間全部打掉，改建成套房？每一個方案看起來
都不容易。

然而，絞盡腦汁的創意卻讓人出乎意料，小坪數的房子居然具備了所
有機能。 一般的小房子不會有在玄關設置第二道門的念頭，但他們設置

了中門，並在室內放了一張極長的桌子，將整個空間攔腰橫向截開，區分了空間且使其保留獨立性，並利用鏡子和間接照明，製造寬廣舒適的視覺效果。他們傾注了長時間的心力，如今在家中享受的光陰，盡是甜美的回報。

機能俱佳的複合式客廳

在公寓中絕對找不到這樣的客廳！既是書房又兼衣帽間，他們輕易地完成這項創舉，將過去不經濟的格局一掃而空。將做為客廳的房間門板拆除，使客廳、廚房和走道的空間連接成一體。比起小房子盲目地隔間，或是為了擴大空間過度拆除牆壁和房門，有時候想辦法發現新空間，效果會更好。在客廳中傢俱扮演重要的角色，從客廳邊緣延伸到廚房的長桌，既是電視櫃，同時也是電腦桌和餐桌。這一張特別的桌子，無形中劃定了各項功能。

客廳藝術牆下的長桌可以使用電腦、閱讀書籍，既是書房也是電視櫃。

在小房子中的客廳，也要善盡收納功能，沙發後面設置滑門的壁櫥，放置夫妻兩人的衣物和換季用品，桌子下方和牆上也裝置長型收納櫃。對這間屋子的大小而言，要擺放所有必備傢俱並不容易，他們利用壁櫥、抽屜櫃、邊桌、裝飾櫃等來滿足所有需求。事實上，收納做得好不好，跟空間大小無關，這是每一個家庭必須面對的課題。傢俱的製作可以根據空間的特性來調整，就效益性而言，目前的設計滿足了老婆的需求，將來只要砌一道牆就可以讓客廳變回原來的房間，改建的彈性非常大。

利用長型桌子做為各個空間的有機性連結。

Living Room

客廳兼具書房、衣帽間功能，砌一道牆的話
就可以再變回房間。

Floor plan

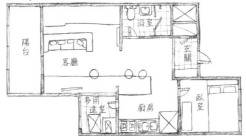

陽台

客廳

浴室

玄關

多用途室

廚房

臥室

像咖啡吧一樣的廚房，旁邊是臥室所在。

讓客廳空間看起來
舒適寬廣的效果性單品。

以11字形構成的空間，感覺清爽舒暢。

1 沙發後的滑門壁櫥可以當好幾個收納櫃使用，十分紮實。
2 原本要放置直立式空調的邊角空間，剛好可做收納用途。

　　每個門都漆上藍色成為這個家的亮點，客廳牆壁的磁磚，也調和了整間房子的形象。和廚房使用相同花色的磁磚，視覺上有擴大空間的效果，也讓以米色為基調的客廳帶來生氣。打開上壁櫥下方的嵌燈，磁磚壁面就成了藝術牆。另外，白色牆面的粉刷技法是客廳相當特別之處，這種粉刷技法主要使用在商業空間內，可以為空間增添高貴感。

　　「如果顧慮到經濟效益，似乎應該貼壁紙，但是壁紙很容易髒，所以決定粉刷。我們使用了名牌油漆製品來粉刷，一週之後需要再用砂紙打磨，施工者非常辛苦。雖然報價比壁紙多了4～5百萬韓圜，但也帶來令人滿意的效果。」

白色壁櫥之間的藝術牆為這個摩登的空間帶來多變的色彩。

連接客廳的廚房，在壁櫥下方設置LED照明，打造雅緻的感覺。

白色廚房和佈置成洗衣室的多用途室

　　老婆希望廚房樸素一點，只要能夠和老公悠閒對坐一起吃飯便很滿足。雖然廚房是每一個家都不能省略的空間，但一直處於收納空間不足的狀況下，不順暢的動線會讓廚房變成居家生活的壓力，房子的客廳和廚房也無法各自成為單獨的空間。此處利用客廳的長型桌面延伸到廚房當作餐桌，讓廚房也成為一個獨立空間。磁磚是一個值得好好利用的項目，料理空間選用和客廳藝術牆相同的磁磚，就為空間帶來了整體感。

　　夫妻兩人的意見最積極實現的地方是多用途室。這樣的空間只放洗衣機、堆砌雜物變成倉庫有點可惜，起碼要用來補足廚房的不足，像「多用途」這個名字一樣，讓它發揮多重的功能。設置洗滌槽可以手洗衣物，微波爐也可以置放於此。顯而易見地，就算不特別佈置房子，多用途室也是居家生活的必備空間，生活越久越能感受到它的重要性。

Utility Room

實用性顯著的隱藏空間

1 多用途室不只放置洗衣機，還設置迷你洗滌槽提升機能。
2 流理台和桌子平行配置，打開門直通多用途室。

1 窄小的臥室，床頭板扮演收納
和裝飾的重要角色。
2 固定式的上壁櫥，解決了臥室
收納空間不足的問題。

Bedroom

用灰色、藍色、紫色打造全新臥室空間

　　玄關旁的臥室十分狹小，就算訂立了佈置計劃，市面上販售的寢具根本放不下，長寬兩公尺的空間，只能嘗試用組合傢俱裝潢。以靠窗的壁面為準，盡可能製作最長的床框，高挑的白蠟木手作獨特床頭架，用和客廳沙發相同的布料披覆，創造一致性的高貴風格。被床具填滿的房間，需要設置壁櫥輕鬆收納必備用品，緊貼牆壁上緣訂製的壁櫥，不會給空間帶來壓迫感。由於訴求是乾淨俐落地收拾所有東西，而不是做為裝飾用途，所以不適合採用開放式櫃子。寢具的顏色為臥房帶來神祕和感性的效果，彩度鮮明的藍色和紫色搭配灰色的床框非常契合，整體給人俐落的感覺。由於大部分的時間會在廚房和客廳裡活動，臥室只要能舒適地睡覺就好，這樣的佈置充分達到臥室該有的機能。

灰色和紫色彼此協調的臥室，空間雖小但要素俱全。

實現獨立空間的玄關

　　強烈藍色調的中門，使這間新婚小窩讓人在腦海中留下深刻的印象，打破了只有舊房子才能做第二道門的刻板印象。打開大門一目瞭然的私人空間會讓人感到負擔，因此設置在玄關的第二道門，為房子打造一個界線完備的形象。門面寬度不一的框架設計稍嫌單調，然而大片的玻璃卻縮減了沉悶感，門和周圍的牆漆上同一個顏色有放大的效果，由此可以窺見設計者的企圖。

　　「本來擔心做起來會很沉悶，但設計圖看起來還可以，自成一格的獨立空間很棒。藍色看起來清爽又漂亮，還有加大空間的效果。但是原本想要的是比現在沉穩一點的色調，現在這個藍色比想像中明亮許多，當時只看了色票就決定，油漆完之後才發現太亮了，這是事先沒辦法預測的狀況。」

　　鞋櫃的門做成鏡面，讓玄關空間看起來更大，屋主外出時還可以照鏡子檢查一下衣著打扮，可謂一舉兩得。

在窄小空間嘗試做中門

1 以清新的藍色中門打造獨立空間。
2 以間接照明打亮的玄關層板，即使狹窄也可以暫坐或放置東西，用途多樣。

Entrance

玄關鞋櫃的鏡子門板讓空間看起來變大了。

Bathroom

浴室磁磚選用耐看的顏色，收納櫃掛上鏡子，讓浴室看起來更寬敞。

　　鞋櫃對面的層板是個非常貼心的設計，利用配管線的位置架設層板，出門時上頭可以放包包，還可以當長凳坐著穿鞋，十分便利。照明也是玄關重要的角色之一，這裡使用設計感獨具的壁燈取代自動感應燈，鞋櫃和層板下方還掛有間接照明。雖然是平時倉促走過的玄關，但夫妻在出門或帶著疲憊的身軀回家時，這樣的玄關都會給他們帶來好心情和愉快的能量。

　　在聯誼活動上認識的金世熙和朴玄彬，第一次見面就聊了八小時之久，心中卻盼望著要和更好的人交往。然而他們就像已成定局的情侶一樣，還是持續保持聯絡。交往兩個月，就如同認識十年一樣自在，於是很自然地成為了夫妻。行李很多的老婆和只帶兩條牛仔褲就報到的老公，個性存在明顯的差異。老婆喜歡待在家裡，老公樂於參與戶外活動，即使如此，兩人對於新房佈置的偏好卻不互相矛盾，在裝修過程中很順暢地交換彼此的意見。雖然是兩人的房子，但是太太待在家中的時間比較長、使用的空間也比較多，因此老公在許多地方選擇順從老婆的想法。房子的改造工程不亞於婚前的準備工作，需要時間耐心等待。他們在結婚時首次順利地跨越像山一樣的阻礙，現在，他們也正準備要面對下一階段的人生歷程。

佈置新婚小窩的
精品商店

No. 1 **2n1設計空間** www.2n1space.com

弘益大學畢業的傢俱設計師，不僅在室內設計和施工方面相當拿手，也善於照明設計和組合傢俱的製作。設計師製作的傢俱，以實用性為基礎，不僅能在限定的空間內發揮既有的功能，還能自然地區分空間，或是展現傢俱本身的設計要素，提高空間的完成度。最近開始，商店的作品也開始可以透過網路購買。

No. 2 **筠呟商材**

筠呟商材是不需要多介紹的人氣室內設計材料行，屋主在這裡購買了客廳和廚房磁磚。筠呟商材以韓國最大的進口磁磚專賣店聞名，販售西班牙、葡萄牙、義大利等地進口的美術磁磚，以及畫家繪製的手作磁磚。此外，店家在浴缸、洗臉台等衛浴設備方面也提供了多種選擇。韓國店家諮詢專線：02-3444-4366。

No. 3 **油漆資訊** www.paintinfo.co.kr

和油漆相關的各種製品均相當齊全，歷史悠久的美國油漆名牌「威宣・威廉斯」可以在這裡買得到。以合成橡膠樹脂做成的水性乳膠漆不易脫落，沾染髒污時也可輕易用濕抹布清潔。若想要表現柔和的色調，在這裡也可以找到適當的產品。

由上方俯視，客廳就好像由迷你傢俱製作出來
的模型一般，可愛又有趣。

李惠實・柳基洙夫婦的
16坪樓中樓別墅

飾品收藏家
明朗愉快的
小窩佈置

房屋型態：樓中樓別墅
坪數：16坪
格局：1樓（客廳、廚房、衣帽間、多用途室、浴室、玄關）；2樓（臥房）
總費用：500萬韓圜（約13萬新台幣）
〔裱糊工事、所有傢俱、廚房用品（不包括家電製品）、布製用品〕
部落格：roandrena.blog.me

和別人做一樣的事情有時候也會覺得煩，李惠實的房子從格局到餐具都希望和別人不一樣。結婚後第一次擁有自己的房子，這樣的盼望更加強烈。「這是什麼？這個在哪裡買？」她總是不斷地提出這樣的疑問。如此獨樹一格的新婚小窩，值得深入探訪其特色。

　　這對夫妻是聯誼會促成的一對佳偶，兩人養了一對俄羅斯藍貓。像電影情節那樣締結姻緣的夫妻，連他們的新婚小窩也像連續劇般精彩。毫無戒心的貓熱絡地迎接陌生人，在和牠的對望中，筆者走進了李惠實的幸福小窩。

　　樓中樓格局的房子天花板很高，即使較窄也不會讓人有壓迫感。屋主將每個角落都打點得相當有魅力，整間屋子的擺飾非常活潑，各自散發出獨特的光芒，和小物雜貨商店的佈置十分類似。看到會不自覺想起「kidadult」（拒絕長大的成人）的布偶、色感和幾何圖極佳的北歐風抱枕和布品、創意滿分讓人噗哧一笑的廚房用品等……女主人對美麗事物的熱愛可以在小窩的每一個細節中感受到。從任職的設計公司停職，到英國倫敦生活的期間對她造成很大的影響。英國的建築群年代久遠、外觀相似，室內卻美輪美奐、令人驚豔，單是一個門就有非常多吸引人的樣式，常常讓她彷彿置身夢境。由於對室內設計非常感興趣，她喜歡四處收集資訊，還出版了《最愛的倫敦商店》一書，更成為室內設計用品網站Tree and Mori（www.treeandmori.com）的共同代表。

2nd Floor plan

　　繪畫、手作雜物、設計師，這位具有多重專業才能的女子，打造了生氣蓬勃的新婚小窩。

　　她花了很多心思去找格局特殊的房子，現在的房子就是由別墅擴建而成。一樓是客廳、廚房、衣帽間、浴室、多用途室和玄關；二樓則是傾斜屋頂下的臥室。在這樣的房屋格局裡，貓咪們能夠又跑又跳，不需使用貓台，很令人滿意。直接換掉窗戶面的壁紙和廚房的兒童用壁紙，客廳也只要裝上牆壁照明，連施工都不需要。

挑高的天花板降低了小房子的壓迫感。

Living Room

1 **2**

1 樓中樓別墅確實地區分空間，提升
小房子的經濟效益。
2 女主人特別喜歡美麗的門，對這扇
圓弧窗引以為傲。

玄關前靠近浴室的鞋櫃，
裝飾不同調性的黃色小物
來給予變化。

用小傢俱和畫框妝點美麗客廳

在圓弧形窗戶前的客廳，大大小小的傢俱是空間的主角。矮桌、造型椅、極簡的客廳櫃，以及防止貓爪肆虐用布緊緊罩住的椅子，選擇都是以小傢俱為主。

「之前很苦惱要不要放置餐桌，就用途而言餐桌比較實用，但新婚期間總會有很多客人來訪，相對地需要很多椅子，所以放棄了餐桌這項選擇。」

由於房子不大，女主人想把必備的生活用品縮減到最少，也很仔細地只挑選小傢俱。大傢俱可能到下一個家就因空間不合而變成無用之物，小傢俱比較容易隨地配置，不選沙發而選一人用的椅子也是基於這個理由。如果不是自己買下的房子，一般的新婚小窩大約住個1～2年就會搬家，買傢俱時必須考慮到下一個地方能不能再次使用。她以插圖編排佈置的感覺，然後一一找尋適合的傢俱。

黃色搭配原木色vs深黑色搭配海軍藍，
顏色對比顯眼的客廳。

陽光從圓弧形窗戶灑進來，一樓的客廳和廚房融為一體。

越往上越窄的層架，不會佔據太大的空間，是收納兼裝飾的單品。

黃色、黑色、小傢俱以及各式各樣的畫框，是構成室內風格的核心要素。

由金屬和木頭搭配製成的時鐘，
大膽的設計非常搶眼。

女主人以貓做為模特兒的畫作。

为興趣和回憶佈置的小角落

這個空間散發著獨特的感覺，有許多在旅行中買回來珍藏的小鴨子、錫盒等，女主人喜好收藏的一面在此展露無遺。

可以整齊收納延長線或電線的
塑膠盒。

　　客廳的牆面可以充分使用自己喜歡的畫框來佈置，特別是像樓中樓這樣高大的牆。屋主雖然很想把整面牆都掛滿自己喜歡的畫，但因為是新房子，再加上是租賃的，因此掛幾幅便已非常滿足。在牆上的這些畫有很多是她的作品，在成為購物中心的商品前，自己是第一位欣賞這些畫的人。畫作大多是A4尺寸，掛在牆上不會令人感覺負擔，這樣尺寸的畫框也很容易購買。掛上自己畫作的家，讓女屋主感到神奇又開心。

Kitchen

顏色和設計感獨具的各式廚房用品，擺設出
來更能顯現它的價值。用幾張和廚房有關的
畫構成空間的一部分，也不失為一個佈置的
好方法。

上演用品展示會的廚房

連冰箱門上都滿溢色彩帶來的愉悅。

　　成L形的廚房和客廳同屬一個空間，旁邊緊鄰多用途室，對女主人來說廚房多少有些遺憾。

　　「空間放不下一個愛爾蘭餐桌實在很可惜，想和老公一起做菜，或是客人來訪時能夠一起面對面聊天。但是這樣的格局只能我一個人背對大家做料理，心情多少會受到影響。」

　　她曾經懷疑為什麼主婦們都喜歡廚房大的房子，結婚之後才明白這個理由。因為廚房已不再是一個人生活時偶爾需要的空間，而是一天中來回數十次的地方，尤其是對料理和餐具收藏有興趣的她更是如此。

　　「在英國短暫生活的期間，對辛香料很感興趣，自然地喜歡上做料理，即使照著食譜做或做得不好，我也依然樂在其中。以前由於長時間工作的緣故，即使討厭外食，也沒有辦法不買外面的餐飲來吃，現在會把自己做的美味料理拍照放在部落格，也會和鄰居分享。常常為了拍照耽誤老公吃飯的時間，只能對他感到抱歉了。」

1 在黑白色系的廚房傢俱旁，選擇規格較大的冰箱，以配合家中需求。
2 對於繽紛多彩的小物，沒有什麼道具比層架更能讓他們展現特色。用鋸齒形花布包覆的盆栽、畫框、杯子等是冰箱上方層架的主角。
3 有趣的設計、美麗的顏色，可以徹底消除憂鬱的心情。

　　餐具雖然以北歐製品為主，但全部都太花俏也會顯得沒有特色，同時找來韓國或日本淡雅風格的杯盤做搭配也很不錯。

　　廚房的佈置雖然混合了幾種特殊的款式和顏色，但卻不會有凌亂的感覺，客廳也是如此，她有什麼特別的訣竅嗎？

　　「曾經為了房子要佈置成什麼風格苦惱了一陣子，後來有了一個想法：只要先決定好顏色，很容易就可以繼續進行佈置。因為房子小，適合以黃色或明亮的樹木色做為基本色，再用海軍藍或黑色稍微點綴。雖然我喜歡『黑＆白』搭配的感覺，但也要同時尊重老公的意見，所以最後決定使用中性的黃色系。」

天花板最高只有160公分，臥室用
小傢俱和床墊簡單佈置。

為了整理書籍，臥室牆壁和牆杆之
間的空位活用成收納空間。

做著新婚甜美的夢
二樓的閣樓臥室

　　順著屋頂傾斜的天花板底下是二樓臥室，這裡
只是個睡覺的空間，基於空間狀態，只放置小傢
俱和床墊在地板上。臥室依然帶有女主人獨特的
設計美感，彩度高的黃色飾品給幾乎消沉的氛圍
捎來明朗的氣息。臥室和樓梯之間的空位，則扮
演收納書籍的角色。

　　樓中樓的格局優點是具有經濟效益，但同樣地
也有易受季節影響的缺點，上層樓夏天太熱，冬
天太冷，還好臥室的地板做了地炕工程，冬天可
以溫暖度過。

73

1 這是每個人小時候都看過的閣樓，沒有床頭板，單調的牆利用層板來裝飾，並掛上了愛的簡語。
2 兼邊桌的雜誌架也不忘用黃色鋸齒花色的飾品妝點。

在樓中樓住屋型態玩得最開心的不是別人，是屋主的貓咪們，在階梯跑上跑下，偶爾站在二樓的欄杆上俯視一切。樓梯後方的空間則扮演貓台的角色，是貓兒們的廁所所在，也是放飼料的地方。

新居必備的衣帽間和其他空間

衣服很多的女屋主，第一眼看到一樓的寬敞房間就將之選定為衣帽間，並挑選了開放式的層架和封閉式的收納箱調配運用。

裝飾臥室的詼諧圖畫、色彩繽紛的燭台、隱約懷舊的迷你檯燈。

在衣帽間放置書桌和梳妝台，活用空間不大的新婚小窩。

1 有大量家當的夫妻，用簡單的收納傢俱、盒子等來整頓物品。
2 購物網站的商品圖片在家中拍攝，因此電腦作業空間對女主人來說很重要。

「最近，不像傳統辦嫁妝那樣，一定要買多好、多大的衣櫃，我買的也是廉價的傢俱，之後不能帶走也不會覺得可惜，而且系統傢俱可以拆開來使用，用途比較廣。」

衣帽間也導入所謂的小傢俱方程式，收納不足的地方再買便宜又漂亮的紙箱，或是可以放很多軟性衣物的布簍，做為補充的收納用品。和有壁櫥的公寓不同，這類住宅必須壓縮收納空間，這種考量是必須的。

7

活用窄牆的祕訣

1 利用衣架掛常用的時尚單品，記得以可愛的小物裝飾。
2 花朵、圓點、菱形圖等簡單線條的畫作，這些圖案有種孤寂的趣味。

　　衣帽櫃的對面放置電腦和書桌，簡約設計的梳妝台也放在這個房間，讓這裡成為了小窩不可或缺的一部分。衣帽間和客廳及廚房一樣，有裝飾品佈置。看著看著忽然覺得要整理這間房子應該相當不容易，會掉毛、換毛，隨時想去撥弄小物雜貨的貓咪們，應該也是打掃的剋星。

　　「沒錯，房子需要常常打掃，用濕紙巾擦拭所有擺飾。想要照自己喜歡的方式生活，就必須付出代價。」

　　既使如此，她的眼神依舊流露出佈置小窩的強烈企圖。在性格上無法拒絕收集新鮮及美麗的事物，她說「購物之神」（編按：韓國衝動購物者假想的神）常眷顧她。「已經開始期待下一次居住的房子了！」她的心情，只要身為女人，一定能夠感同身受。

　　李惠實的專長是設計，卻做了十幾年製圖相關工作，現在她決定要成為一個設計師，踏上真正的創作之路。即使畫一張圖，也會想著如何讓家變得更與眾不同。因為她知道千挑萬選的小物是多麼珍貴，對自己家的期待和付出也不會中斷。這間小窩既是她珍愛的第一個空間，也是她磨練設計風格、嘗試錯誤最好的學習空間。畫框換個位置試試看，抱枕換塞不同的布套也許更好，就是從這一點一滴的小地方開始……

家裡四處都看不到的結婚照，和女主人收集的鴨子小物一起很配地放在書桌上。

如何購買充滿魅力的傢飾

No.1 **Tree and Mori** www.treeandmori.com

英文的樹木「tree」加上日語的葉子「mori」合成的名字，是室內設計用品的網路購物中心。由李惠實經營的Tree and Mori販售商品以韓國製品為主，也代理稀有的生活用品，布製雜貨、廚房用品、照明燈具等兼有銷售。也有很多顏色和款式獨特的商品，如限量繪製的圖片，有助於打造和別人不同的空間。

No.2 **Torang** www.e-torang.co.kr

以手作餐具聞名的Torang，代理廚房必備的餐具，包括碗、陶盤、手作杯、碟子等。有深富現代感的杯盤，也有帶著粗獷民俗味的碗具。像是木質的茶盤和茶匙等小物，或是波蘭特有色調的各種餐具也可以在這裡買得到。在京畿道盆唐有實體賣場可以逛。

No.3 **Common Kitchen** www.commonkitchen.co.kr

在主婦之間好評盛傳的購物網站，主要代理斯堪地納維亞風格的廚房用品、復古流行的碗盤和玻璃杯製品。以刀具為主的收藏區，是1960～1970年間製作出來的多樣化古代原型餐具。在此也有以碼為單位販賣的布料。

No.4 **Daiso** www.daiso.co.kr

以平均價位1～2千韓圜著名的Daiso量販店，是買畫框和相框的好地方，屋主常常到這裡買比A4尺寸小的畫框。Daiso的商品推陳出新，每次都可以看到新風格的產品或收集不同的製品。除了價格低廉之外，畫框及相框在室內設計的運用上是很好嘗試的項目。

用多餘的木材打造書房，
精挑細選的經典名燈Artemide，
書房中充滿用心換取的珍貴物品。

隨時間流逝
增添風味
木質材料裝潢的
新婚小窩

房屋型態：別墅
坪數：19坪
格局：客廳、廚房、臥房、書房、衣帽間、浴室、玄關
設計＆施工：infullspace（blog.naver.com/infullspace）
總費用：2千7百萬韓圜（約69萬新台幣）（地板工事、客廳合板壁、廚房傢俱改裝、浴室工程、組合傢俱、裱糊工事、電線管路＆照明工程、其他）

結婚也是一種獨立，這對夫妻有此覺悟。連水龍頭的模樣都有想要的款式，他們對家的佈置非常執著，即使時間一分一秒過去，他們還是慢慢地一樣一樣來並仔細思考，在結婚三年之後才嚐得甜美果實，完成符合自己標準的家。

　　一般人在看國外的室內設計書籍時，總是會這樣說：「怎麼沒有一間房子長得一樣！」在韓國不管是公寓也好、別墅也罷，在蓋房子的階段就已經完成所有隔間，住的人必須配合既有的格局，這是必須面對的現實。這樣看來崔雅英和柳在明夫婦的房子，雖然投資了不少費用，但卻是和別人不一樣的房子。踏上階梯才能爬上在高處的床，客廳和廚房的天花板高度居然不一樣，他們的小窩可以喚起好奇心的地方非常多。

　　「我們談了八年戀愛，所以我們的結婚準備工作，並不是我買房子，老婆辦嫁妝、買傢俱這樣而已。是當作買家人要住的房子一樣，一邊輕鬆討論，一邊準備新房。由於在大學剛好主修的都是相關課程，所以決定不借助別人的手，想自己來佈置。」

　　老公原本決定房子的室內設計就照老婆的喜好進行，但是被老婆攤出的數十張剪報資料嚇到。首先費用是項龐大的負擔，再加上如果要實現這麼完美的計劃，可能耗盡一輩子的時間都沒有辦法搬進去。後來，夫妻倆一邊生活，一邊填進傢俱，長達六個月，他們每個週末都去佈置房子。婚後三年，他們才把必要的部分填滿，完成了這個家。

1 客廳和廚房天花板的高度
落差，形成空間感的明顯
差異。
2 成為生活重心的客廳，利
用顯眼又具有天然紋理的
木質合板做為牆面壁材。

　　房子分為客廳、廚房、書房、衣帽間、浴室五個部分，他們希望是一個空間明顯區分又協調融洽的房子，因為生活起居混在一起的話，房間容易髒亂，管理也很困難。浴室小沒關係，還是保有三個房間比較好，他們下了很多功夫尋找這樣的住宅。

　　「雖然很滿意這間房子的格局，但是一樓採光不好，看起來昏昏暗暗的，也很擔心自己是否真的不介意。但我們都是晚上才回到家的上班族，週末又都在外活動，這樣的生活模式，適合把房子界定為『以夜晚生活為主軸——睡覺和休息的空間』。我們一致同意了這個概念，盡可能以木質材料裝潢，這個設計概念讓房子在晚上發揮了真正的價值。」

　　那段期間真是疲倦極了，因為裝修的緣故，吃五花肉時混著灰塵一起入口；在寒冷的冬天發抖度過聖誕派對；還有打掃到凌晨的收尾工作和僅僅帶著棉被等著入住的日子……現在，一切就像做夢一樣。

利用合板做牆面的客廳

　　正對著玄關的客廳，和我們記憶中熟悉的客廳模樣截然不同：一張大桌子、木質牆壁包覆的「ㄈ」形空間。夫妻倆在客廳聽音樂、上網、辦派對，生活大部分的時間都在這裡度過。

　　「在客廳放電視機和沙發那種定型的空間，讓家人彼此的對話消失了，我們家的客廳是設計來讓彼此能夠自由自在聊天的。」

　　合板是較為獨特的壁材，通常會把合板鋪著塗上石膏，再粉刷一次塗料，但他們是把合板當衣服一般穿在牆面上。老婆原本想選用白樺木，但費用卻相當驚人。於是他們找尋比白樺木便宜，但木紋漂亮的優質合板做為第二選擇。

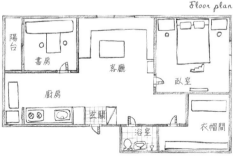

Floor plan

Living Room

搭配合板牆壁的裝飾

1 長型沙發上，訂製人工皮革坐墊和抱枕來裝飾。
2 利用和木質牆面十分協調的小物來裝飾。
3 窗台施作木工時造成的空隙，用大小剛好的時鐘填補，看起來很像是特別量身打造的。

因為是在原先的牆壁鋪上木板，牆變厚了，空間也變小了。合板壁材的施工人員必須是裝潢專家，因為不謹慎操作的話會損害牆體。合板牆面工程在技術上不那麼容易，合板加工後，要配合紋路鋪設，依順序放在適合的牆面位置。磨掉邊緣尖銳的部分，塗上保護膜並去除異味，工作人員必須按照順序一一施工。經由辛苦後製作業完成的合板牆面，兩年後顏色會改變，開始有老木材的韻味出現。

客廳的另一個轉變是天花板，天花板推高了十公分左右，和廚房的高度形成落差，給單調的空間一點立體感。

「視線上出現天花板被截斷的感覺，看起來清爽，空間變大，構造改變了，牆體也可以看出一樣的效果。」

此外，客廳還有另一個有趣的插曲。原本不喜歡櫻桃色的窗戶，想要貼塑膠貼皮裝飾，最後卻決定在窗戶後方掛上白色的百葉窗做改變。

佈置一個一點都不平凡的新婚小窩，他們比其他人更加出色，不只是對建築和室內設計有豐富的知識，夫妻間的意見也非常一致，再加上果敢積極的行動力，用「萬事俱備」來形容再適合不過。

浮在半空中的浪漫臥室

　　是小時候對閣樓的浪漫憧憬嗎？夫妻倆的床位於距離地面一公尺以上的高度，將床置於高處是老公一個人的主意，追問理由的話，則是基於現實的考量。把佔空間的床移高的話，底下就可以多出一些空間來運用。例如在床舖下方的空間安置向兩邊側開的門，運動器材或是寢具用品通通可以收納在這裡，同時也為臥室打造出溫暖的氛圍。

　　「起初我反對老公的意見，但實際住了之後才發現：房間很幽雅，我也睡得很好。大家都會問：床的天花板那麼低，不能站起來不會不方便嗎？但休息的時候也沒什麼需要站起來的事啊！」

　　雙人床兩邊的空間各架了一個層板，打造剛好坐得下一個人的書桌。在夫妻共有的臥室內別有洞天，給了他們保有隱私的獨立小空間。靠床邊樓梯的牆，貼著

客廳、廚房和臥室是長形的連結構造，做了明顯的區隔。

Bedroom

床和收納櫃採用一致性的方形組合傢俱，取代購買差別化的傢俱，提高空間的使用度。

以壁龕型態（為了裝飾牆壁所挖掘的凹陷空間）和間接照明佈置的優雅臥房。

1 登上床舖的樓梯，一旁的通道則連接兩側的個人空間。
2 床舖兩旁設有獨立的個人小空間。

藝術壁紙上方架設高度剛好的
電視和層板。

彷如書法筆觸般的藝術壁紙，還掛上夫妻共享的電視，柳在明先生對這部分的設計非常滿意。

「結婚的時候，正巧碰上LED電視的推出，於是就買了可以用壁架掛在牆上的電視。但是這樣的話，電線插頭就會有一大段露在外面，最後只好在牆上鑽洞藏線。不管是電線外露，還是用裝飾板引線都不理想。客廳裡裝空調的時候也是，為了藏線必須再次施工，所以家電設備的安置和裝潢順序真的很重要。」

雖然電線收納可以當成小事置之不理，但是紊亂的電線會在乾淨俐落的室內設計中留下一塊瑕疵。這樣的情況很常發生，室內設計的完成度可以從這些小地方看出來。

簡潔色調打造耐看的書房

　　深紫、灰色、棕色，綜合這三種顏色打造的書房，再加上檯燈的照明，好像將歲月的痕跡整整齊齊地聚集進來這個復古的空間，渲染了一股溫暖的氣息。使用大量木材裝潢的房子，給人一種被大自然包圍的愜意，但是廢物利用的創意，卻讓這間書房增添了一些成熟和穩重的感覺。

　　「書架的層板，是利用木作工程留下來的木材打造而成，層板的支架更是老公一個一個刨削出來的。」

書房裡，書櫃、書桌等簡單傢俱和沉靜的顏色很協調。

Study Room

為了打造復古的風格，老公揣測支架的模樣，親自手工製作。整整十多個支架都由他一手完成，老婆掩藏不住佩服的神情。若要證明自己在佈置和裝潢上做到了什麼，沒有比支架更具代表性的東西了。佈置書房時，助他們一臂之力的伙伴不是別人，而是女主人的爸爸，岳父大人親手鋪了地毯磚。最近磁磚有很多簡便的地毯材質，自己動手施工不是不可能的事。

「大多人對地毯有些刻板印象。其實一般地板如果有灰塵掉落，隨著空氣循環會被人體吸入，地毯反而會黏住灰塵，不必擔心灰塵亂飛。書房一直都很乾淨，只要一星期用吸塵器打掃一次就夠了。角落容易髒的話，也只要更換那個部分的地毯，整理起來反而方便許多。」

鋪完地毯後，室內溫度會快速上升、緩慢下降，對於需要暖房的韓國來說，更符合實際需求。

尋找隱藏空間
廚房變寬敞的祕訣

一字形的雅緻廚房，流理台用的不是大理石，也不是閃閃發亮的鋁材，而是木製的上板，選材非常獨特。在這個家，木材是最重要的基調，但差一點就跟廚房絕緣，幸好木頭上板把廚房和其他空間做了一致性的連結。

1 廚房的白色天花板與掛著T5玄關燈的客廳天花板，在高度上落差了10公分。
2 更換流理台的門板和上板，並放置一個大的組合櫃，小廚房功能俱全。

移走鞋櫃並擴建陽台，
找到隱藏空間讓小廚房變寬闊。

「很想嘗試使用木頭上板，雖然用水的環境很忌諱木材，但只要塗上防水劑，就可以防止水分滲透，應該沒什麼問題。」

基本型的廚房很小，有必要再擴大空間，打通陽台放置冰箱和洗衣機，鞋櫃移到對角去，在原來的空間做一個新的電器品收納櫃。客廳的桌子可以兼餐桌，就不必在廚房另外放置一張桌子。

但是為了擴建廚房而打通陽台，卻成為夫妻倆相當後悔的一個決定。因為擴建後冬天的寒風湧入，即使加大暖房還是非常冷。在四季分明的環境中，即使空間窄小，也還是不要擴建陽台比較好。

打造夫妻各自收納的衣帽間

佈置新居的大工程之一，就是要消除不必要的走道。和臥室為鄰的房間決定要做為衣帽間時，他們卻決定要讓這裡例外，成為有走道的空間。

「衣帽間雖然可以做得比現在更寬敞，但是我們選擇要有走道。因為只要設置衣櫥，加上人可以走動的空間便已足夠，空間越大反而越容易凌亂。在衣櫥前設置橫推門，關上櫥門衣帽間更顯整潔。」

留下想要的走道寬度，砌了一道牆，走道的另一端做了衣帽間的門。和以前兩個房門並排的情況相比較沒有壓迫感，更確實地區分了空間。

1 打掉原來的房門再砌上一道牆，將之佈置為衣帽間。
2 做系統性衣櫥和門板，以低廉的費用解決了衣物收納的問題。

1 衣帽間的內部配置面對面的衣櫥，衣櫥之間留有適當的活動空間。
2 衣帽間的側推門做了鏡面，便於化妝及整理服裝儀容。

　　為了走道而砌出來的牆，掛上他們的婚紗照後有很好的裝飾效果。衣帽間的衣櫥分別靠著兩邊的牆，夫妻一人一邊分開使用，中間留下來的空間，既是通道，也是他們更換衣服、化妝的地方。

　　看了崔雅英和柳在明夫婦的家，便知道寬敞的空間並非做好室內設計的唯一出路，與其抱怨房子小，不如善加利用、用心處理小細節，一定夠打造獨一無二的空間。就像我們常說的「夫妻同心」，一邊生活一邊慢慢改善不便的地方，需要經歷這些填補不足的過程，才能真正打造出適合自己的房子。許多法國人、英國人從房屋修繕到佈置完工，不都要經歷好幾年嗎？一路走來，這對夫妻把房子當作栽培的對象，十分享受佈置過程中的趣味和珍貴。

合板壁材
活用法

idea 1

挑選木紋
漂亮的合板

最好直接去木材行親自挑選木紋漂亮的合板，崔雅英選的是印尼進口的合板，合板壓製的紋路有固定順序，進行牆面工程時要依照順序貼，才能感受到紋路的美麗。

idea 2

做好後製
提升品質

如果要在合板上噴漆的話，木板上刨削後的尖銳處需要加以磨整，漆塗料和去異味的過程需要六次左右，才能達到牆面壁材的品質標準。做好這些後製工作，木質紋路的感覺才會顯現。要塗透明漆的合板須注意不要沾到黏劑，因為黏劑的痕跡無法清除，沾上的話只能放棄使用。

idea 3

常常用手
觸摸

傢俱如果時常用手觸摸，會自然地留下歲月痕跡。牆壁的壁紙和油漆部分不宜用手接觸，但是天然素材的合板牆就可以常常觸摸，人手上的油脂會讓合板漸漸變得光亮。居住的人帶著對家的熱情度過歲月，合板的色澤也會同時蛻變，呈現和最初不一樣的感覺。

在這種顏色的空間裡，以小傢俱為主配置
使空間看起來不狹小。

以顏色與
組合傢俱為概念
佈置新婚小窩

房屋型態：別墅
坪數：15坪
格局：客廳、廚房、臥室、浴室、玄關
設計＆施工：李世豪（e-seho.com）
總費用：290萬韓圜（約7萬新台幣）
（地板工事、粉刷、裱糊工事、照明工
程、組合傢俱、其他）

任熙慶和李素日夫婦攜手打造的空間，是一個符合他們喜好的新婚小窩，並且確實展現他們的設計概念。在室內設計專家的協助下，房子出乎意料地達到夫妻倆的期盼，各種願望都適得其所地實現了。

　　只是暫時居住、將來會離開的房子，或是以不知道該怎麼佈置為由，只好勉強去適應自己不喜歡的空間，這種例子屢見不鮮；大大小小的不便在生活中累積成壓力，家變得再也不舒適了。任熙慶和李素日夫婦從蜜月旅行回來後，陸續搬了幾次家，過著日夜忙碌的生活。對於自己的第一間房子，他們期待不要發生上述提到的狀況。好不容易找到新房子，實際的問題卻接踵而來，他們希望房子漂亮又便利，卻不知從何著手而感到迷惘。室內設計是一個十分專業的領域，他們決定請教專家，瞭解如何具體地實現期望的空間。夫妻倆有位友好的建築設計師，在參觀過他佈置的房子後感到非常滿意，決定也把自己的房子交給他。

　　「我們只能描述很抽象的想法，具體的部分就交給專家去實現了。只是彼此的溝通非常重要，我們需要告訴設計師會在家裡進行哪些活動，傳達我們想要的簡潔、摩登風格，以及透過設計的模擬圖充分說明房子要改變的地方。」

家裡原先的格局沒有經濟效益，看過之前房客搬走後骯髒凌亂的模樣，更覺得如此。在不變動格局的前提下，希望佈置出居住舒適的新房，需要跨過非常多的障礙。擔任設計工作的李世豪最擔心的是空間的構成。

　　「小空間最好賦予複合式功能。但是這房子的格局，非常明確地劃分了界線。既然如此，乾脆就照明顯劃分的功能性來佈置。」

　　用最低經費佈置而成的新婚小窩，夫妻倆用「滿足」來形容。為了反映他們的生活形態，空間的構成物改變了，多樣化的色彩和一致性的木質傢俱，造就一個概念性的新婚小窩。開始的時候，親友們會質疑「租賃的房子為什麼需要裝潢」，但這些人現在都相信，他們生活在這樣的空間會更幸福。而小倆口也改變心意，住在這間房子裡的時間將比原訂計劃更長久。

Floor plan

客廳　廚房　臥室　玄關　浴室

Living Room

用組合傢俱打造的客廳

1 客廳是家裡使用最頻繁的空間，夫妻在這裡遊戲、休息，進行各種活動。

2 在不大的壁面製作尺寸合適的書桌，確保剩餘的空間可以被充分運用。

平凡的房間大膽變身為客廳

　　客廳是老公最滿意的部分。事實上，這間房子原本沒有正式的客廳，而是由廚房身兼二職，因為空間狹小缺乏活動領域，於是他們大膽地決定把一個房間變成客廳，既可以看電視，偶爾也能處理工作或接待朋友等，打造成一個具有客廳普遍功能的地方。

用堅固的原木製作的電視櫃。

將隱藏式支架的層板交錯掛放，可以消除單調感。
CD和DVD都可以當作飾品，做有趣的陳設。

換掉會左右客廳氣氛的地板，用橄欖綠的牆和天然木材質感的傢俱打造舒適客廳。

「每個人都想把家佈置得很有經濟效益，帶有收納功能的長型沙發，和以後可以改變配置、分開使用的書櫃，都是很聰明的選擇。」

這幢房子裡的組合傢俱確實很顯眼，因為是配合房屋格局製作的，空間不會被隨便浪費，既有統一感，又可以集中視線。雖然選擇半成品傢俱較為實惠，但組合傢俱僅在費用上高一點，卻可以同時體會DIY的樂趣。若要自己動手漆油漆，記得要用砂紙打磨傢俱表面一、二遍，這過程不容易，但自己親手做傢俱十分有成就感。

高度齊腰的書櫃視覺上比較沒有壓迫感，間隔板交錯放置給予一些變化。

1 書櫃中間幾處的隔板塗上家裡油漆的顏色，打造整體感。
2 蜜月旅行時買的可愛木製手工藝品，掛在百葉窗上裝飾。

在將房間改建為客廳時，曾膠著在是否要拆掉房門。拆掉房門將使客廳和廚房有一致性的連結，空間看起來也比較寬；但是父母親們來作客的時候，客廳也會變成客房，考量到這些，他們決定把門留著。

藍色和白色
強調清爽的臥室

臥室在原來的壁紙上粉刷了神祕和清爽的灰藍色，是依女主人的意見所打造的風格。平時就喜歡白色著的她，希望臥室能夠簡潔明亮，所以選擇白色為主色調。搭配一開始就使用的化妝台並買進白色床框，床單則挑選比牆壁顏色還要淺的淡藍色，中和白色和灰藍這兩種對比強烈的顏色效果。

老婆珍惜的臥室，以清爽的色調俐落完成。

牆壁上掛有設計師李世豪拍的照片，也是攝影師的他在飛機上連拍了三張天空的照片，送給他們當作新婚禮物。臥室的色調是和天空相似的藍色，沒有比這幾張照片更適合當擺飾的了。另外，照片的裱框是用無邊框的壓克力製成的，和簡潔的臥室相當協調。和客廳一樣大的臥室是解決家中收納問題的唯一場所，他們用系統衣櫥和掛簾代替壁櫥，再選擇寬90公分左右的衣櫃配置在裡面，輕鬆解決收納問題。這裡不只放置衣服，還有旅行箱等看起來不怎麼美觀的家用品，通通藏在布簾後頭，深度剛剛好，收納的東西比想像得要多。

夾在床頭板兩端的小檯燈，既有實用功能，又能塑造幽雅氛圍。

老婆喜歡的白色傢俱在藍色的空間裡發光。

1 凳子活用為邊桌也不遜色。
2 利用藍色和白色營造對比鮮明的臥室，以攝影作品裝飾壁面。

床尾的壁面是物品整理收納的祕密空間，以布簾簡單地遮掩。

臥室、廚房、客廳三個空間擁有各自的色彩，是相當具有特色的房子。

連結各空間的廚房

從玄關向右轉，沿著牆是一字形的廚房，白色高光澤素材製成的廚房傢俱，以及放小型廚房家電的大櫃子狀態維持良好，不需要特別修繕。只是冰箱的擺放位置和空間有些不協調，大塊頭的外型也不美觀，這樣的冰箱常常被設計師嫌棄。他們在苦惱一陣子後，決定把冰箱放在廚房傢俱的對面，料理時只要稍微轉身就可以打開冰箱門。用美松木把冰箱的四周框起來，這樣的話冰箱就好像從視線中消失，還多了一個美麗的櫃子，廚房因此更臻完美。

1 設計簡單的方桌加裝支撐木更顯堅固。
2 冷清的牆面井然有序地掛上夫妻的照片，化身為帶有紀念性的角落。

100

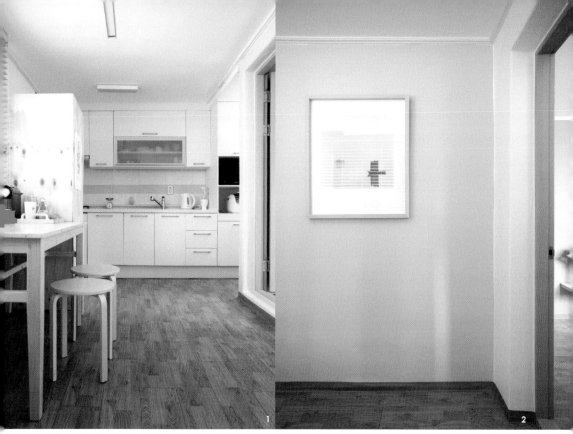

1 廚房打造成一字形的料理空間和餐飲空間。
2 牆壁上的相框簡潔明亮，同時也製造了空間感。

廚房使用既有的流理台，
以黃色磁磚製造亮點。

便宜買進的白色木製百葉窗，從木條間滲進的光影非常美麗，他們決定在窗前放置調性明亮的木頭桌和幾張板凳，做為吃飯的空間。

在房屋結構上，家裡的重心是精心打造的客廳，廚房比起讓人停留，不如說它是一個常常會經過的空間，長長的壁面多少讓人覺得有些無趣。這一點他們利用照片稍微做了彌補，像哈密瓜般淺薄荷綠的牆上，掛上一張木框黑白照片，是一個可以讓人放鬆的裝飾品。在牆壁的尾端掛上畫框，發揮了留白的美感，同時也有烘托環境的效果。另外，在空調的下方、客廳和臥室都掛有夫妻倆的照片，這是一個很聰明的裝飾方法，照片理所當然地成為一個環節，將各個色彩繽紛的空間串連起來。所謂的佈置，不是盡其所欲地擺設很多物品，任熙慶夫婦的新婚小窩證明了這個道理。

窄小卻讓人印象深刻的
玄關和步道

　　一踏入玄關，兩側相對的牆不免讓人有壓迫感，遺憾的是房子本身的構造就是
如此。左邊是浴室和固定式鞋櫃，右邊經過又小又短的走道後是廚房、臥室以及
連接客廳的通道。雖然一般的房子也差不多是這樣的格局，但玄關畢竟會左右人
的第一印象，這讓他們在裝潢時煞費苦心。起初，他們想將玄關對面的牆，也就
是薄荷綠牆延伸的開端，當成畫廊般佈置，決定將幾個小相片框整齊地排列掛在
牆上，減少空間的侷促感，自然地把內部空間連結。然而在視線所及之處，有一
個被稱為「蟾蜍的家」的電線配送盒就掛在牆上。如果顧慮整體空間感，會覺得
這是一個相當可惜的地方，因此他們用一個長方形的相框，放上婚紗照做為牆的
裝飾，並且安裝聚光燈加以烘托，電線配送盒則以剩下的木材做了美麗的門板遮
蓋住。

　　垂直、水平都不工整的房子，地面也不平整，所以他們決定一年左右就要離開
這間缺點很多的房子。即便如此，在居住期間他們也希望這裡是一個符合自己生
活起居的空間。經歷了室內設計的過程，任熙慶和李素日夫婦才切身地體會：家
就像是兼容並蓄的器皿，盛載居住者的價值觀、喜好、生活等一切；他們也明白
了，唯有周全考量所有要素，才能將房子佈置得符合新婚夫婦舒適居住的家。

　　「我想到結婚典禮上聽到的證婚詞：『來自不同環境的人之間，不可能沒有一
點衝突，但是可以互相配合生活下去。』我們的房子也一樣，是組合不同的要素
佈置而成的空間。」

　　夫妻倆認為，必須活用這個居住空間，而且，他們計畫要做一對能夠尊重彼
此、調和歧見的夫妻，在這空間好好生活下去。

學習組合傢俱
的活用法

利用半成品
直接組裝

首先,只剩組裝和油漆步驟的半成品價格比較低廉;再者,如果要從頭到尾製作一件傢俱的話,專業知識和時間不夠的人無法參與全部過程;而半成品的製作只要完成最後一個步驟,便有自己做傢俱的成就感。但是,油漆之前要以砂紙磨平木板好幾次的功夫,可能對初學者有些困難。

配置多樣
可分離傢俱

做一體成型的書櫃不但非常重,以後要搬到不同空間時,萬一大小不合便成了無用之物。因此這個房子的書櫃、沙發都是做成可以分離的傢俱。配置的沙發是由三個大小一樣的收納櫃組裝而成,之後要改變配置或做其他用途都可以;電視櫃也可以拆成層板及活動櫃。

挑選機能性
傢俱

在小房子裡,如果傢俱只強調設計感的話是不夠的,挑選附帶其他功能的複合式傢俱較為適當。像任熙慶配置的沙發,可以活用內部的收納空間;除此之外,還有可以加長的餐桌,或底下可以放書的客廳桌等,對小房子來說非常恰當。

廚房是這個家的重心，用「黑＆白」廚房傢俱
和溫暖的燈具打造而成。

華麗的照明與色彩
打造性感新婚小窩

房屋型態：別墅
坪數：16坪
格局：廚房、臥室、書房、衣帽間、浴
室、陽台、玄關
總費用：1千3百萬韓圜（約33萬新台幣）
（地板工事、電力管線工程、裱糊工事、
廚房傢俱工程、浴室工程、照明工程、玄
關工程、其他）
部落格：blog.naver.com/unbearable

孟蘭英夫婦拿出的筆記中，有圖片、提案以及詳細紀錄的說明，使筆者
對他們整個自助室內設計的過程一目瞭然，他們調配忙碌的時間，為了
自己的安樂窩努力的痕跡，可以在這個家的每個角落感受到。原本老舊
又狹小的別墅，遵循著他們的期盼，真正蛻變成新婚夫婦居住的小窩。

打開燈，黑色的空間不僅華麗，甚至有些性感。他們大膽用色，考量
自己的喜好和生活風格，在各個空間以新的方式來佈置房子——這裡可
以說是只為了滿足他們夫妻的「sweet home」。女主人從大學時期開始，
就會買Shabby Chic風格的傢俱自己油漆，培養裝潢實力。因此，第一次
的幸福小窩，她像讀聖經般精讀室內設計相關書籍，再一次發揮潛力。

「曾經去過英國語言進修，那邊的人即使住很小的房子，對他們來說
都是皇宮。和英國比起來，我們只想馬馬虎虎、便宜翻修一下就居住的
地方，似乎不能稱之為『家』。在英國時，寄宿家庭的屋主晚上六點下
班，和家人一起做晚餐，看到他們幸福的生活模式，建立了我的家庭哲
學，也常常幻想著結婚後的生活。」

她認為家要以一個「生活的地方」來打造，佈置成像咖啡館一樣，在
那裡度過很多時間，這點和老公意見一致。要將人可以停留下來享受生
活的空間放大，不然就是要具有接待客人的功能。腦中浮現的新婚生活
樣貌，最常待的空間照順序是廚房、書房、臥室三個地方，在這些空間
會做什麼事？重疊的機能是什麼？

女主人的筆記本，記載
滿滿的室內設計計劃。

Kitchen

1 2

確定答案之後抓住了大致的裝潢輪廓。在臥室最主要做的事是躺著看電視，以及兩個人聊聊天；在書房大部分是看書、打電腦。廚房是最優先的順序，將廚房做為中心，向其他空間拓展，以這樣的佈置方式來塑造整體性。於是決定廚房是主要起居空間兼具接待功能；電視則放置在臥室。家的機能要配合自己的生活形態，孟蘭英認為這點非常重要。

「室內設計的品項大部分都差不多，我想以照明設備在家中各處營造有趣的空間。大部分人自己做室內設計的時候，都會在燈具上精簡預算，實際瞭解後才發現照明配置會左右室內設計的完成度。」

改變電視的位置、把房門漆成黑色，這些動作讓老公感到驚慌。最後負責打掃的老公只要求一件事，就是家裡要簡單佈置成易於清掃的環境。這對夫妻在自助室內設計的過程中，留下了這樣難忘的小插曲。

像咖啡館一樣時髦的黑色廚房

　　孟蘭英小姐希望準時下班回到家裡，快點見到老公，兩人喜歡一起吃晚餐，以家庭生活為第一優先。她夢想中的婚姻生活，廚房扮演著相當重要的角色。受到擅於料理的母親影響，她非常享受做菜的過程，想把廚房打造成一個既像餐廳又像咖啡館的地方。用黑色和金色搭配出顯眼的料理空間，寬敞的愛爾蘭餐桌、高度不一的可愛吊燈，是打造這個理想空間的主角。

　　「由於已經清楚母親在廚房工作時，有哪些不便之處，對我來說，廚房的實用性是最重要的，因此以動線順暢為目標來打造，選擇了兩排並列式的廚具設置。」

　　雖然她沒有什麼持家的經驗，只是零碎地提出一些主意，像是爐具和洗滌槽之間要以料理台做區隔等，但常常都是不錯的決定。另外，因為收納空間不足，不能沒有上壁櫥，但是做得淺一點、短一點，使空間不會有壓迫感，也是一個絕妙的點子。

1 珍珠質感的金色磁磚，隨著照明和角度的不同，光澤也會不一樣。
2 只保留必要的家電製品，收納在愛爾蘭餐桌下方。

　　放進廚房的器皿也要有條不紊，她將餐具的樣式縮減至一、二種，捨棄功能重複的家電用品，只留下基本家電。因為房子坪數小，若不控制家電、餐具等小物品的數量，會使空間變得雜亂。

Bedroom

球體型的小吊燈，在小空間裡不會帶來壓迫感。

白色的床框搭配燈具,打造幽雅的臥室。

為節省空間,臥室的房門
打掉了門檻,側收設計的
房門讓空間得以活用。

勝過精品旅館的臥室

　　過去被房客當客廳使用的大房間,現在變成了他們的主臥室,加入豐富多變的壁燈和落地燈等間接照明,臥室變身為具有多樣面貌的空間。照明不只是用來營造氣氛或妝點空間,也是為了顧及位於1.5樓的住家隱私。由於窗戶必須保持關閉的狀態,玻璃也是不透明的,因此採光不甚良好,燈具須扮演陽光的角色,間接照明的設置填補了臥室的大缺點。

用大收納櫃整頓的臥室要確保
走道順暢，以便通往小陽台。

從臥室鏡子醒目的金色邊框，
可以感受到女主人喜歡華麗的
物品。

1 符合新婚小窩的特色，兩人的照片佈置在可愛的地方。
2 搭配電視顏色，以深色便宜的組合傢俱來收納各種電線和插座。
3 衣帽間以吊衣桿和開放型衣櫃構成。

　　除此之外，臥室還有一個大麻煩。由於他們戀愛時期非常喜歡在家中約會，購買的遊戲機和遊戲軟體數量相當可觀，需要一個空間收納；另外，網路線、電話線、電視天線等各種電線和插座也到處充斥。唯一可行的方法就是在電視下方的小空間，設計一個沒有隔板的櫃子，訂好所需的尺寸讓電線可以隨意放入。雖然出現了預料之外的傢俱，但只是在這個家裡暫時使用，只好將就一些。

「臥室的房門是側收設計的隱藏門，本來想改造現有的門，去找了塑膠貼皮業者超過十次，但一直拿不定主意，最後決定改用較簡單的方式製作。隱藏門不需要預留開門空間，側開門時的聲音也很羅曼蒂克。」

空間的問題一個個解決了，小窩依照他們的想法變化著，雖然歷經了一些小差錯，但臥室已蛻變成符合他們生活形態，不會帶來壓力的最佳空間。

現有傢俱再配置的書房

家不是只屬於老公或只屬於老婆的空間，即便如此，在由老婆主導佈置的情況下，老公的感受很容易被忽略。孟蘭英可以明顯感覺到，老公對於有顧慮到自己需求的家容易產生感情。書房雖然不是只為老公設計的，卻充分反映了他的建議。老公很喜歡之前使用的大桌子，希望搬家的時候可以一起帶來，但桌子過大的尺寸不適合放在書房，連大沙發都要放進去就更傷腦筋了。他們的解決之道是拆掉房門，讓書房感覺像和廚房連結的客廳。最近，夫妻倆常在這間書房裡努力研究理財資訊，享受愜意時光。

1 過去使用的大體積傢俱要放置在書房很不容易。
2 書桌椅轉個方向，放張凳子充當小桌子，書房就可以像客廳一樣使用。

1 拆除書房的門，讓書房和廚房感覺像同一個空間。
2 聚光燈可以讓平淡的空間改頭換面。

搭配書桌尺寸製作的書櫃設有
內嵌式照明。

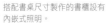

大小、顏色、樣式相同
的畫框並排掛著也可以
成為很好的裝飾。

Floor plan

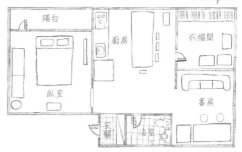

左右房子第一印象的玄關

　　沒有多用途室，附屬於臥室的陽台又只有80公分寬，沒有其他多餘空間的小房子，雜物全部堆在玄關是常有的事。孟蘭英在玄關理出問題的頭緒，對於這個左右房子第一印象的玄關，她想打造出符合設計概念的「性感」。首先，他們組合了四個大收納櫃，不只放鞋子，也收納所有零碎物品。中間兩個掛上青銅鏡面的櫃子放鞋子，兩邊高光澤素材門板的櫃子則做小倉庫使用。接下來則是打造性感玄關的要素，牆壁貼上黑色的壁紙和貼皮，掛上有三稜鏡效果的吊燈。玄關被打造成為一個充滿吸引力的地方，讓訪客十分好奇這對夫妻在家中的生活樣貌。

Entrance
連配線盒都很有質感地
以畫框造型遮蔽。

玄關收納櫃下方設有照明。

以華麗的照明、青銅鏡面及皮革感
的黑色絲質壁紙打造性感的玄關。

浴室用品最少化

　　由於住宅坪數很小，所以各房廳之間的距離沒辦法拉長，廚房和浴室距離很近，讓他們相當不滿意。因為無法移動位置，只能被迫接受現況。浴室的調性和其他地方不同，牆壁和地板鋪設色調不同的灰色磁磚，看起來不易生厭。天花板上的照明在必要的位置不連貫地配置，使得沒有窗戶的空間頓時變得明亮。浴室一直維持在乾淨的狀態，都要歸功於牆上的大收納櫃，可以把浴廁必備用品全部收納整齊。像廚房的家電製品盡量減少一般，放進浴室的用品和天然肥皂、洗髮精也盡量減少，老公以前常常放好幾副牙膏和牙刷，現在也改掉了這樣的習慣。

　　孟蘭英和李雲植夫婦證明了家也可以是華麗而性感的，完美地完成新婚小窩的設計。大膽選擇了小房子忌諱的黑色，多樣的照明設備讓空間增添了花俏感，最棒的是夫妻倆將房子打造成可以經營自己想要的生活形態。下班後，夫妻倆坐在家中的愛爾蘭餐桌上，聊聊一天發生的事，在甜蜜的晚餐中，和這個房子共享日常樸實的幸福。

灰色調性的浴室，反而讓白色的衛浴瓷器顯眼，給予俐落的印象。

新婚小窩
照明擺設法

idea 1

吊燈高低
不一地懸掛

住宅坪數很小，燈具集結在一起很有壓迫感的時候，更換為小的吊燈比較合適。在廚房愛爾蘭餐桌上方設置照明時，用了幾個相同設計的吊燈，打造迷人氛圍。此時將燈具以不同的長度垂吊，創造不同的變化。廚房的吊燈樣式採購自首爾乙支路「Light Lamp」。韓國店家諮詢專線02-2275-2040。

idea 2

水晶壁燈妝
點臥室氛圍

想在家中感受精品旅館的時髦氣氛，水晶壁燈是很適合的燈具。打開燈時牆壁變得光彩絢爛，同時還具有幽雅的稜鏡效果，讓整間臥室散發出十足的魅力。孟蘭英小姐的床頭水晶壁燈購自「空間照明」（www.9s.co.kr）。

idea 3

打開
情調照明的
特別瞬間

為了夫妻倆單獨相處的時刻，或是客人來訪時特別設置的情調照明。主臥室掛上葡萄模樣的鹵素燈；書房裡設置兩盞聚光燈打在相框上。聚光燈適合在小空間裡做重點照明，還可以調整角度。葡萄燈具購自「空間照明」，LED聚光燈購自「Light Lamp」。

獨棟住宅二樓的庭院,
雖然小卻帶給了他們悠閒的空間。

柳寶英‧Gabriel Dye夫婦的
15坪住宅

老舊住宅變身無罪
自然風的手造房屋

房屋型態：獨棟住宅
坪數：15坪
格局：客廳、廚房、臥室、衣帽間、浴室、玄關、庭院
總費用：100萬韓圜（約3萬新台幣）〔地板工事、粉刷、浴室工程、其他（不包含傢俱）〕
部落格：blog.naver.com/gabe_nizi

有句話說：會好好打理自己的人，他的家也一定滿室生香。正好有對夫妻驗證了這句話，他們的房子如同他們樣貌一樣的時髦，是投入時間和精力獲得極具價值的成果。他們自助室內設計的經歷，就如同故事一般，而且幸福延綿不絕。

　　閒適的西橋洞住宅區巷弄，能夠讓人忘卻公寓大樓那種死寂感，是名副其實的幽雅社區。在群聚的獨棟住宅裡，有一間屋齡三十幾年的兩層樓住宅，第二層就是柳寶英和Gabriel Dye夫婦的家，他們在房屋仲介發現了這間房子，而且當天就簽下了合約。這間房子剛好符合他們的期望條件，可以說初次參觀就一見鍾情。

　　這裡不僅是他們想要生活的社區，貓兒們也可以一起入住，房子還可以隨意進行裝修。在別人眼裡雖然是年代久遠又暗沉的老屋，但對他們兩人來說，卻早已不由自主地勾勒出房子裝修後的新模樣。天花板很高，有尖尖的屋頂，可以清楚看見社區的外庭院，這間房子有使人像孩子般興奮的魅力。平心而論，預算有限的新婚夫婦想要住在自己喜歡的完美家園是件辛苦的事，況且，不論是house poor（雖然有房子卻負擔很重的階層）還是全租房（需要付一大筆押金，用利息當房租的房子），光聽到這兩個名詞就膽怯，是在首爾生活常會發生的事。

　　雖然他們堅信，只要自己動手的話，這房子會變得很精彩，但房子的狀況卻不是如此：整個客廳由暗沉的原木色木板圍繞，房間裡黃色和藍色的壁紙已褪色斑駁，房門漆著深藍色的油漆，浴室更讓人十分迷惘，不知道該從何著手。

暗沉的牆面漆上白色，
老舊的地板換上美術磁磚，客廳煥然一新。

　　兩個月期間，他們每個週末都在舊宅與新家之間往返，埋頭苦幹，自助的室內設計最終成功圓滿地落幕。兩個人的冬天在這樣的過程中度過，然後正式展開新婚生活。最近貓咪米歐、瑪麗、五月、麻吉已經適應了新家，他們也辦了入厝，並為了準備販售衣物，自己當起模特兒拍照，過著一般的日常生活。

　　當初Gabriel Dye為了找尋遺失的帽子而回到咖啡館，遇見了坐在那裡的柳寶英，開始了他們的姻緣，這對彼此以Gabe和Nizi互相稱呼的情侶，在辛苦佈置的可愛房子裡生活，繼續奠定更為深厚的緣份。

放在客廳的木桌
也是掀蓋式的收納箱。

體現於客廳的住宅美學

　　客廳令人聯想到天花板斜斜的閣樓，是獨棟宅院給人的印象。他們一天大部分的時間都在這裡度過，客廳區分為兩大塊，一塊是充分保留客廳原本功能的沙發區，一塊是工作的窗邊桌位區，並以設計簡單的原木傢俱及玲瓏精緻的小物打造溫馨氛圍。有時客廳做為拍攝場地，是夫妻倆完全實現生活樣貌的地方。

　　值得一提的是，在兩個人自助裝潢的過程中，客廳是最令人難忘的地方，尤其是在粉刷油漆上吃足了苦頭。除了有窗的那一面牆是貼壁紙之外，其他寬廣的牆面和天花板全都是板材做的表面，所以漆油漆的面積又寬又高，再加上木材閃閃的光澤，即使重覆上漆，原來的木頭色還是不斷透顯出來。

喜歡木頭材質的夫婦，
用復古沙發等原木傢俱來佈置客廳。

Floor plan

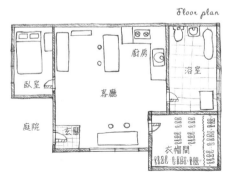

高高尖尖的屋簷下，
也沒有忘記顧慮貓咪們的需求。

陽光充裕的窗邊寬桌，夫妻倆可以並排埋首於電腦工作。

「我們累到再也不想漆油漆了。因為整整兩天的時間都在漆底漆，靠樓梯支撐爬到高處，漆了三次白色油漆才終於看出變化。」

在這裡生活越久，那時候的辛苦也回饋給他們越多的愉悅。以白色的空間做背景，讓傢俱和所有飾品都更加顯眼。白天的時候陽光灑入，施工前黯淡的模樣已成為他們茶餘飯後聊天的話題。

訂製的原木鏡框是柳寶英
非常珍惜的傢俱之一。

帶有抽屜的桌子、文件夾、椅子、
復古計算機等，從傢俱到文具，既
有功能性，設計也很出色。

開放性裝飾櫃上陳列的美術藝品，是夫妻倆互相贈送的禮物。

品味滿分的小物陳列

1 空間佈置放有十分感性的類比相機，是父親的收藏品。

2 以鳥為主題的蠟燭、碎料皮革上蓋戳印的紙吊飾等都是可愛的單品。

1 玄關旁掛的鐵製收納網，既可做裝飾，又可放郵件。

2 一個古色古香的衣架，近似裝飾品，減少壁面的單調之感。

3 客廳桌上的燈具電線長短不一，帶來律動感。

4 夫妻喜歡的Market-m賣場促銷活動時購入的鐵椅，高貴的色澤十分醒目。

小廚房以層板收納克服缺點

　　與其把廚房單獨區隔成一個空間，不如將其包含在客廳裡或許比較恰當。位居客廳底端一角的廚房，和客廳相比算是非常小，再加上以前的房客用深木頭和黑白馬賽克磁磚的花紋塑膠貼皮來佈置，視覺上非常不協調。首先，為了去除壓迫感，他們拆除了上壁櫥和貼皮，重新粉刷白色牆面後掛上層板，運用和轉角符合的層板，避免浪費空間死角。

　　至於下壁櫥，為了縮減預算，在門板上加一層合板上色之後，接下來更換新的把手，裝飾起來就像新的一樣。他們沒有因為廚房看起來小，就急著規畫收納空間，反而大膽打造開放式空間。似乎是為了喜歡咖啡、煮咖啡技術一流的老公，他們將咖啡機明顯地擺放在流理台上。如果將家用品好好地陳設，小廚房也能媲美咖啡館的開放式廚房。

1 可以區分空間又兼收
納功能的愛爾蘭餐桌。
2 改造既有的洗碗槽，
以層板代替上壁櫥。

和客廳連結的廚房放置一張愛爾蘭餐桌，
變成便利的ㄈ字形空間。

愛爾蘭餐桌裝上把手和輪子提高便利性，下方收納空間可以掛上簾子遮掩。

1 層板上收納常使用的廚房用品以及具設計感的小物。
2 窄小的廚房掛一個緊急使用杯在掛鉤上，必要時可以拿來使用。
3 不浪費收納空間，在層板下也可以掛一個層架收納用具。
4 換成白色的壁面，掛上簡樸的生活用品。

在這個家廚房的必備單品就是愛爾蘭餐桌，因為它既能當放置小型家電的收納櫃，又能同時兼做飯桌。此外，愛爾蘭餐桌的高度，可以很自然地將廚房和客廳的沙發區分隔開來，裝有輪子的餐桌必要時還能自由改變擺放的位置。不用砌厚重的牆，像餐桌這樣的傢俱就可以有隔間的功能，也不會妨礙小通道的動線。喜歡這小巧可愛的廚房的不只有他們夫妻而已，住在美國的婆婆也說最喜歡這個空間，也許是想稱讚小夫妻的努力和品味，只不過換一種方式來表達。

愛爾蘭餐桌的桌面貼上磁磚，萬一沾上飲料或湯水，輕輕擦拭就可以去除髒污，非常便利。

顧及空間狹小，
以最少的傢俱和飾品來佈置。

Bedroom

喜歡攝影的夫妻，將證件快照機拍
的連續照片拿來當裝飾品。

擁有大窗戶的迷人臥室

　　如果問起喜歡住什麼樣的房子？一定有很多人會回答喜歡住在
窗戶大的房子裡，因為容易營造異國氣氛，可以觀賞窗外風景，
室內採光非常好。這對夫妻也不例外，房子入口處的房間，窗戶
的大小就佔了牆壁的一半，可以實現早上被陽光曬醒的浪漫。一
決定臥室位置，他們馬上就像佈置客廳一樣，套入基本公式——
白色空間搭配木製傢俱。

　　「牆壁雖然想直接貼壁紙，但是一直買不到想要的白色壁紙，
結果新郎出了一個主意，我們把一種淺淺花紋的便宜壁紙倒過來
貼，就這樣完成了佈置。」

　　市面上的床框無法放進他們的臥室，所以特別製作了一個符合
空間大小的床框，再用復古的抽屜櫃簡單地佈置。床框的下面也
有抽屜可以收納物品，兼做梳妝台的抽屜櫃也是收納小東西的好
幫手。

木材是臥室主角

1 隨著歲月流逝，木頭材質的傢俱
會更增添風味。
2 邊桌上方是鮮豔的復古鬧鐘和檯
燈的指定席。

「窗簾是我做好掛上去的，雖然窗戶很大很好，但因為是獨棟住宅，一到冬天會非常冷，我才知道為什麼為了禦寒要掛窗簾。雖然這窗簾很薄，但是可以阻擋寒風，又有裝飾效果。」

　這對勤勞的夫婦並沒有放著牆壁不管，在床框上方他們裝飾了各種相框。雖然因為相框大小不同，很容易看起來雜亂，但是他們用軟木塞做了一個主相框置於中心點，掌握每個相框的適當位置。對面的牆壁就掛上層板，放上裝飾小物，將臥室佈置完成。

一株翠綠的植物就可以為臥室帶來生氣。

多樣化的相框可以放照片或圖片，用不同的方式佈置臥室。

軟木塞相框中貼著一朵小蒼蘭，是個有趣的點子。

Bathroom

1

2

薰衣草、伊蘭伊蘭等可以
給空間帶來香氣的擴香瓶，是他們
親自調製精油做成的。

像運動場一樣寬敞的
浴室兼洗衣室

　　以便利塗料特有的質感改變浴室，
放置了木質收納櫃、層板和移動式的
浴缸，讓這空間變得非常舒暢。因為
還有多餘位置，所以他們也把洗衣機
放在這裡。雖然浴室改造得很成功，
但一開始也像客廳一樣，是一個讓他
們備感負擔的空間。朋友們都覺得這
房子不值得入住，勸阻的理由就是浴
室。除了歲月的痕跡，又加上以前居
住的人無心管理，浴室就好像久經荒
置一般。和客廳一樣寬大的浴室連洗
臉台都沒有，磁磚積了深厚的污垢，
地板雖然修補過，但用的是大小和顏
色都不一樣的磁磚，除了全面施工外
別無他法。也因為如此，整個屋子最
後改變最明顯的就是浴室。在大家興
奮期待新年到來的時候，夫妻倆專心
一意地進行磁磚裝潢。現在的他們或
許每次走進浴室時，都會驕傲地聳肩
也不一定。

1 浴室的牆壁和地板重新裝潢後，設置花灑蓮蓬頭、洗臉
台，浴室俐落變身。
2 為了收納，用組合傢俱和層板掛在空牆壁的轉角，高低
交錯設置。

老公想擁有的木製鏡子框架和收納傢俱等佈置在浴室一角。

　　這對夫妻看見了這間屋子改變的可能性，並開始自助裝潢。看著他們年輕不怕吃苦的表現，勇於決定、佈置自己要生活的房子，實在難能可貴。更棒的是裝潢成果令人驚豔，年代久遠的老房子消失了，誕生了一間洋溢夫妻絕佳品味的房子。兩人的辛苦沒有白費，在這層意義上，這對夫妻即使一再誇讚自己好像也沒關係呢！

室內設計商店 &網站推薦名錄

No. 1

Market-m www.market-m.co.kr

以簡單原木傢俱、雜貨小物受到熱烈擁護的設計商店,線上購物與實體商家兼備,摒除繁複的裝飾性,以高品質的材料和簡潔的設計為其特色,Market-m的傢俱以MARKET&BISTRO為品牌名,直接企畫、設計並生產製品。也有銷售國外設計師的原木飾品、餐具、文具等。代表性品牌包括生活用品名牌「SIWA」和再生資源品牌「RE-STANDARD」等。

No. 2

把手.com www.sonjabee.com

把手.com為網路購物商店,房屋裝修必備的大部分材料和配件都有販售,在對DIY有興趣的族群之間頗受好評。自助室內設計相關物品包羅萬象,多樣用途和不同風格的把手、油漆和相關的副材料、布品、傢俱等,特別是主題購物區,壁板裝飾或是磚塊效果、美術字體等很有人氣的裝飾用品全部聚集,可以一目瞭然看出裝潢的趨勢。

No. 3

Thekumostock www.thekumostock.com

販賣北歐燈具和門板、窗戶等,在西橋洞有賣場,網路商店也同步運行。特別值得推薦的是知名設計師的原創燈具,Louis Poulsen和Kaiser Idell設計的古典燈具,本身就可以打造獨一無二的氣氛。

No. 4

南大門市場的大道商家

南大門市場販賣的室內設計用品和雜貨,比起一般店家便宜30~40%。室內設計專家積極推薦的地方,是大道商家D棟2樓和E棟3樓的店家。廚房用品、藤製籠子、陶瓷器、相框等不同種類的物品都可在同一區買到,非常方便。位於地鐵4號線會賢站5號出口附近。

My First
Marital Home
Interior

對佈置房子感到生疏的新婚夫婦而言，20坪
可能是最容易上手的坪數。因為空間寬敞，
配置傢俱也不必因為空間小而苦思對策。兩
個人要打造優異的生活機能，這樣的坪數十
分恰當。所謂的「家」，能強烈反映居住者
的喜好，因此相同坪數的房子，表現出來的
樣貌卻各個不同──鮮明的顏色對比、展示
個性的空間、整體的素材運用、都市中變化
出庭院等，新婚夫婦的夢想小窩，迥異的風
格相當值得玩味。

20

坪型

踏進玄關就可以一眼望盡
三個房間和客廳的格局。

善用圖案與顏色
調和可愛風格

房屋型態：公寓
坪數：走廊式24坪
格局：客廳、廚房、臥室、書房、衣帽間、浴室、
陽台、玄關
總費用：500萬韓圜（約13萬新台幣）
（地板工事、粉刷工程、窗戶工程、傢俱＆窗簾）
部落格：blog.naver.com/lhj5579

對新婚小窩來說，什麼樣的顏色最合適呢？好像沒有理由只侷限於一種
顏色。李賢靜均衡活用幾種顏色，妝點出家中的氛圍，色彩繽紛的圖案
也搭配得很有格調，十分符合新婚小窩的精神，她能完成如此漂亮的空
間一點都不令人意外。

　　從完成結婚典禮到搬進新家有一個月的空檔，李賢靜和宋奎翰夫婦過
去一直住在平房裡，對於公寓有些陌生，而且新婚小窩是走廊式的公
寓，坪數不那麼大，一走進屋內就會看見所有房門，這一點也令人不滿
意。他們訂立了裝潢計劃，索性利用原本的缺點來佈置一個花俏的家。
因為要更換傢俱不是那麼容易，所以他們選擇了基本款傢俱，然後利用
顯眼的擺飾和布品做為重點佈置，佔一定比例的特別色也令人留下強烈
的印象——橄欖綠的廚房牆壁、印地安粉色的房門等。幾種高彩度顏色
的搭配，讓她的新婚小窩彷彿置身於巴黎，成功地打造了異國風情。

　　喜歡料理的老婆，以製作蛋糕展開人生的新事業，她精巧的廚房用品
和老公收集的可愛人型玩偶，加上以畫家身份活躍的公公所畫的畫，一
起完成了這個家的室內佈置。

　　「與其把各種飾品藏起來，不如選擇開放式的收納。我們的收藏品很
體面，應該讓大家感受一下，雖然容易沾染灰塵，老公的人型玩偶偶爾
要清洗，但是打造新婚小窩一生只有一次，我們想盡心好好佈置。」

現在只剩下將蜜月旅行的照片掛在臥室的牆壁上，佈置的工作就差不多完成了。老婆性格謹慎，連挑選照片都要花很多時間，也許是因為放進相框的照片裝載著夫妻的幸福時光，而這真實面貌將成為新房佈置的最後一個步驟，所以不得不慎重吧！

以書櫃區分廚房空間的書齋型客廳

女主人對廚房懷有浪漫憧憬，蛋糕事業即將正式開展，她打算使用原有的愛爾蘭餐桌工作，並夢想在客廳放一個更大的餐桌擴張廚房用地。但是老公有不同的想法，他想在客廳放電視，並舒服地躺在沙發上看電視。大多數的男人，都把家當作一個可以舒服躺下來休息的空間，無法對客廳讓步。結果依他所願，打造了一個有沙發和電視的典型客廳，只是放了一個開放型書櫃在冰箱和沙發之間，讓廚房感覺像一個獨立的空間。雖然客廳因此變小了，視線卻不會受到廚房的干擾，是可以盡情放鬆休息的書齋型客廳。沙發對面的長壁如果放置大傢俱的話會讓空間變小，所以他們特別挑了兼具收納及裝飾功能的小傢俱，充分運用空間完成擺設，圖案可愛的窗簾和色彩繽紛的抱枕則負責為空間帶來生氣。

確保獨立性的客廳和廚房

1 以書櫃當隔間，區分客廳和廚房。
2 依老公所願，以沙發佈置客廳，買進便宜的兒童書桌當客廳桌。
3 擔心會沾染污垢的白色沙發，以抱枕發揮最大的設計感。

Living Room

Floor plan

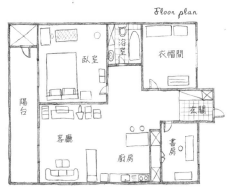

陽台　臥室　浴室　衣帽間　玄關　客廳　廚房　書房

3

1 家中最長的牆壁並列擺放客廳傢俱和廚房用品。
2 料理使用的香草植物、女主人的甜點工藝作品等放
在台階做裝飾。

3 三原色圖案的窗簾可以減低客廳白色的牆和白色沙發形成的單調感。
4 老公收集的小玩偶和蛋糕架、甜點工藝品一起搭配放置。
5 臥室和浴室之間的牆壁放置矮書櫃和公公的畫作。

在一大片顏色相同的沉悶空間裡，高彩度的顏色會更加明亮。

粉刷亮點壁面裝飾廚房

利用厚實的層板展示廚房用品。

　　放著小愛爾蘭餐桌的一字形廚房，由於格局平凡，要變化非常不容易。為了客廳的空間，他們拆掉了一邊的上壁櫥，將壁面漆成橄欖綠，以開放式的層架放置具設計感的廚房用品，企圖打造特別的廚房。雖然作業的過程中也遭遇困難，不是那麼容易調出想要的顏色，但他們的選擇是正確的，這面顏色特殊的牆讓擺放的廚房用品特別亮眼，顏色彷彿也有療癒的效果。

　　咖啡機和烤麵包機等家電利用小型開放式層架整理，並排靠著客廳壁面擺放，為了顧及美觀，這些小家電不僅講究功能，還須具備設計元素。

平凡的白色廚房因為一道橄欖綠的牆
而有了亮點，增添了新意。

小家電容易尋找，但是容量大的冰箱就不一樣了。他們為了要買素面的白色冰箱，不知道跑了多少家賣場和百貨公司。不過，有時候為了找到自己喜歡又適合屋子的東西，堅持是必要的。

　　「不管是杯子還是盤子，我都會挑喜歡的圖案買，最近連買碗也執著於圖案是否美麗。現在層板上放著的餐具，有的是結婚前買的，也有很多是結婚禮物。」

愜意的角落　提高臥室空間活用度

　　夫妻倆在三個房間中，挑選最大、採光最好、正南方的房間佈置成臥室。一開始，從事設計工作的老公想把MAC電腦放在書櫃上，但怕過大的書櫃會帶來壓迫感而放棄。其次，他們不想跟其他房子一樣在臥室收納衣物，曾經從事時尚工作的老婆，認為偶爾購物也算是工作上的延續，所以希望另外打造一間衣帽間。

Bedroom

床尾的角落放置梳妝台，對面則是閱讀空間。

佈置臥室隙縫空間
1 黑白棋盤毛毯和床罩搭配得相當協調。
2 邊桌也採開放形式，擺放旅行買的紀念品和書籍。

　　他們明確地界定出理想中的臥室，這比掌握浴室容易，臥室佈置以睡眠功能為主，床正對窗戶，梳妝台位於裡邊一角，電腦則放在充當書桌的層架櫃上。

　　「地板鋪上黑白地毯，床上則蓋著多彩的毛毯，這也許不是一般人熟悉的模式，有些人甚至會覺得不協調，但卻是消除沉悶和單調的好方法。」

　　他們的裝潢點子當中最突出的，是臥房裡減少了書櫃和衣櫥後，在床邊多出來的零碎空間放了一張躺椅和地毯，佈置出一個小小的書房。雖然他們在床上看書的時間還是比較多，書房功能不如預期，但是這個空間佈置得優雅又有條理，算是非常成功。

層架櫃充當書桌，
臥室裡也備有電腦的位置。

1　　　　　　　　　　　　　　　　　　　　　　　　　　2

1 房門的背後也不要浪
費，可以活用成收納空
間。衣帽間的照衣鏡和
衣架設計都是佳作。
2 和衣帽間相對的是書
齋型客廳和書房。

其他小空間

　　因為客廳也當書房使用，剩下的小房間比較適合稱為「電腦房」，電
腦房裡小的書櫃和書桌是全部配置。打開對面的印地安粉色房門是衣帽
間，起初計畫做系統性衣櫥，但想到將來孩子出生後可能會需要拆除，
加上老公之前用的衣櫥丟掉也很可惜，所以他們決定繼續沿用舊衣櫥。
等到有下一個新房子佈置計劃時，「一定要做一間大的衣帽間」成為了
他們的首要條件。

　　「佈置房子時，貪念太大就會跟房子太小的現實相抵觸，所以需要適
當地折衷，有時候放棄一些東西，反而會讓房子呈現最適切的成果。」

　　在浴室方面，保留原來的浴缸，鋪上灰色磁磚，只在馬桶蓋貼上有微
笑表情的塑膠貼皮，讓浴室化身成會令人不自覺微笑的空間。聰明設計
的小物果然是佈置新婚小窩最好用的單品。

1 浴室的牆和地板用同一種磁磚施工,看起來十分簡潔。
2 一些細微的裝飾可以讓生活充滿愉悅。

　　夫妻兩人的表情很像玩扮家家酒的小孩,選一塊石頭搗碎草葉、蒐集漂亮的花瓣裝飾房屋,玩的時候完全投入,忘記了時間。他們兩人也為了挑選新家需要的一切物品,過了一段相當忙碌的生活。現在每逢換季時節,他們就會裝上新窗簾,也會改變傢俱的位置,對於如何佈置一個像樣的家越見熟練。老婆費心找出老公大學時期的畫作來裝飾房門,老公也以身為兒子的心情掛上父親的畫作引以為傲,使得這美觀又優雅的幸福小窩看起來更加與眾不同。

新婚生活的
餐具活用法

idea 1

久看不膩的
單品

因為喜歡杯子的圖案而買下的懷舊款咖啡杯組，幾何圖案和洗練的配色很吸睛，成了高人氣桌上小物。選購自網站COMMON KITCHEN（www.commonkitchen.co.kr）。

idea 2

配合桌面
選購餐具

日本品牌的小盤子散發著東方的潔淨美感，可以盛裝點心或小菜，用途廣泛，購自COMMON KITCHEN。大盤子則購自盤浦高速客運轉運站的商店，盤緣的花朵圖案相當嬌豔。

idea 3

可愛茶具
營造
新婚氣氛

畫著可愛貴賓狗插畫的茶具組，是好友送的禮物，淡淡的粉紅色搭配黑色杯口，也成為了高質感的裝飾小品，擺設起來毫不遜色。

廚房通道連接屋內的客廳和衣帽間。

以花與裝飾品
完成異國風設計

房屋型態：別墅
坪數：28坪
格局：客廳、廚房、臥室、飯廳、衣帽間、浴室、陽台、玄關
總費用：1千9百萬韓圜（約49萬新台幣）（地板工事、粉刷工程、廚房工程、浴室工程、傢俱＆飾品、其他）
部落格：www.beautebonte.com

如果他們沒有去巴黎留學的話，小窩的樣貌會不會不一樣？
對歐洲風格的設計著迷，像喜歡玩具的小孩一樣沉迷於獨特的物品，這對夫妻的幸福小窩之所以特別，不在於擺出天馬行空的物品來炫耀，而是在他們佈置的空間裡，運用造型獨特的物品呈現了完美的協調感。

　　這房子非常奇妙，比起靜靜地坐下來，好奇心會驅使來訪者去參觀每一個角落，就好像進入了歐洲某一家好玩的商店般，愉快地湧出探索的念頭。每一個空間都擺設著嬌豔的花朵，帶來華麗的感覺，這房子正是鄭珠熙和張熙葉夫婦的新婚小窩。

　　他們在歐洲相遇，談了六年戀愛然後開花結果、步入禮堂，回憶裡盛載著對歐洲的思念，因此房子也佈置出歐洲的感覺。老婆是經營花藝工作室「Beaute et Bonte」（www.beautebonte.com）的主人，老公是拍攝紀錄片的平面攝影師，兩個人對美麗事物都有一定的執著。張熙葉曾經和哥哥合著《細微的發現》一書，內容描寫與小東西有關的故事。現在他的新房也充滿了和老婆各自收集的傢俱和小物，每一樣都與他們一起經歷過在巴黎逛五金行，或在IKEA約會的時光。

　　這間房子原來是結婚前鄭珠熙和姊姊一起住的老別墅，由於社區生活機能良好，離開有點可惜，所以決定改建當作新婚小窩。他們選擇不更動格局，只換地板並重新油漆，再以珍藏的小物做陳設，以此方向訂立了裝潢計劃。接著，他們把狹小但採光佳、氣氛雅靜的儲藏室變成臥室，原來當臥室的兩個房間則改造成衣帽間和客廳。

路上撿來的長型推車，在這家中變
成帥氣的音響架，擔綱新的角色。

音箱變成了層板架，可稱之為
華麗的變身，下層的義大利甜
甜圈播放器，大展復古風味。

　　「我們想以白色為主調，讓房子看起來盡可能大一些，看了色卡挑選喜歡的顏
色，用綠色、黃色、粉紅、藍色粉刷部分壁面，因為顏色不同會產生細微的差
異，有的還因此再重新粉刷一次。」

　　他們搬進小窩，一邊居住一邊施工，雖然佈置新房比準備結婚還累，但多虧了
有裝修工作室經驗的老公，他們終於得以完成屬於小倆口的手作空間。

收藏造型椅成為用餐空間

　　夫妻倆對各房間該如何使用非常苦惱，決定將不夠寬敞的空間當咖啡館佈置。
對造型椅很有興趣的男主人，將收集的椅子放在一張大桌子周圍，在溫暖的燈光
下，形成型態、顏色、年代各異的椅子混合的空間，意圖營造異國情調。大圓桌
是針對客廳空間訂製的，比市售成品高了十公分，坐的時候高度剛好也更舒適。

飯廳放著世界知名設計師Arne Jacobsen和Charles Eames設計的椅子。

1 飯廳的椅子上，放著造型新穎、由女主人縫製的布娃娃。
2 以壁板佈置的牛奶巧克力牆前方，用鮮花和人造花互相襯托。

「組合傢俱雖然比市售成品還要貴一些，組合的結果也可能和預想的不一樣，算是一種冒險，而且多花了錢，品質也可能不如預期。但它的好處卻是可以依照自己的想法，創造出世上獨一無二的傢俱。」

造型椅展示空間的牛奶巧克力色牆壁，提高了飯廳的格調，醇厚的顏色似乎帶有一種再久也看不膩的感覺。為了裁剪裝飾板條的稜角而吃了不少苦頭的男主人，其實處理壁板的手藝相當出色。設計簡單的白色裝飾板條搭在濃郁的顏色上，為空間帶來幾許生氣。牆上掛有公公的畫作和古老非洲錢幣畫框，讓飯廳充滿了超越時空的想像。對面的牆則以收納櫃和層板組打造出另一個空間，牆的尾端貼的是夫妻倆喜歡的電玩角色「太空入侵者」（俗稱小蜜蜂），這是用鋪浴室地面剩下的磁磚拼貼出來的圖案，他們也期待在某個空間再次和這個電玩角色相遇（編按：小蜜蜂馬賽克圖案是巴黎街頭隨處可見的街頭藝術之一）。

讓睡意漸漸襲來的黃色臥室

他們的臥室像小朋友的房間一樣可愛，雖然牆壁沒有什麼裝飾，但黃色牆面的溫暖感覺和透過窗簾灑進來的淡淡陽光，已造就了一個豐富的空間。原來是儲藏室的臥室坪數很小，他們利用床和抽屜櫃佈置出基本功能完備的空間。

臥室也收藏著帶有歲月痕跡的復古物品——岳父製作的簡潔抽屜櫃、燈罩像花朵的檯燈、成為裝飾品的迷你電視等。對別人而言是老舊且沒有用處的雜物，但

Bedroom

臥室充滿優雅又溫馨的氛圍。

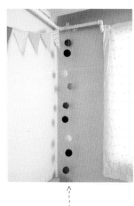

穿過臥室的瓦斯輸送管上
吊著可愛的裝飾物。

曾經住在這裡的岳父親自做的
抽屜櫃，不論是色感
還是造型都很出色。

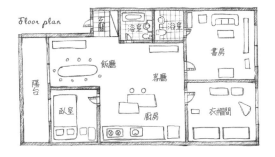

Floor plan

對他們夫妻來說，卻都是時間越久越值得珍愛的寶貝。

「物品做得紮實的話，價值也會相對提高，放越久反而越漂亮、越有特色。稍微加以改造，不但過程有趣，又可以重新感受到它存在的意義。最近大家都只喜歡新鮮貨，在這樣的態勢下，很多物品都被粗製濫造，所以時間一久就看膩了，非常可惜。」

夫妻倆連瓦斯輸送管都沒有遺漏地掛著可愛吊飾，讓瓦斯管線也可以富有設計感。每個人看待物品的方式不同，於是呈現出的成果也會不同，從他們的臥室便能夠印證這個道理。

花朵樣式的布燈罩，是他們蜜月旅行途經巴黎購得的。

空間大變身　客廳成為夫妻的遊戲間

　　在家中陪他們度過最多時光的地方是客廳，因此稱它是「複合式空間」比較貼切。以沙發為中心，四方圍繞著他們珍愛的小物，各式各樣的小東西看起來好像沒有秩序地胡亂擺放，事實上，這些都是經過他們精心安排的位置。

　　以藍色壁面為亮點的空間，除了沙發和椅子之外，其他的傢俱都是白色。白色可以讓多彩的小物更加顯眼，多種物品混雜在一起也不會顯得凌亂，打造出一種排整過的感覺，這一點在屋子的各個角落都做了適當的發揮。

以小物當作主角

1 沙發的對面用壁爐裝飾取代了電視。
2 書櫃上放著老公收集的小物，小時候看的電影〈ET‧外星人〉玩偶也在其中，旁邊的皮椅是設計師Marcel Breuer的瓦西里椅。

經過壁板作業處理的壁面，放幾種不同風格的花來裝飾。

「老公強調：放不適合的小物，會糟蹋整個室內設計。佈置家裡，調和整體的形象最重要，這點我從老公身上學到很多。」

在每個小飾品間發現鮮花的驚喜，這個空間也不例外。插置於彩陶花瓶、玻璃花瓶的鮮花極其可愛。女主人的工作室換過裝潢，知道相同的花在不同空間看起來也會不一樣，因此在挑選美麗的花和可愛的小物時，也要注重周圍的環境。在這個家中，她也一直為挑選適合不同空間的花而努力著。

為空間帶來生氣的植物裝飾

1 花和花瓶的搭配很重要，簡單的長瓶身花瓶讓花有延展感，白色花瓶適合插大朵的花。
2 放置老公十分珍惜的小精靈玩偶。機器人的「口」型層架，是姊姊結婚典禮上裝飾花的器具，再利用成為裝著長春藤的層架。
3 散發香氣的綠色植物和透明的琉璃花器十分協調。
4 枝條纖細的花插在玻璃瓶中，感覺風姿綽約。

這個空間像客廳一樣可以休憩，
又像書房一樣可以閱讀，是個複合式空間。

Kitchen

自由奔放的開放式廚房

　　位於房子中心位置的廚房，和各個空間相連結，常處於開放狀態。基於這個理由，夫妻倆不認為應該要藏起所有物品，讓廚房看起來只有整潔。他們綜合了老公喜歡的隱藏式收納和老婆喜歡的擺放式收納，做適當的混合運用。舉例來說，有設計感及色彩美麗的廚房用品即使擺放出來，也可以當作整體的裝飾之一；至於食器或料理工具，則放進櫃子隱藏得乾乾淨淨。

　　為了提高一字形廚房的使用度，他們放置了愛爾蘭餐桌。淡色木質桌面組裝成的愛爾蘭餐桌，同時也擔任區分空間的角色，餐桌的尺寸雖然大，但桌面下方開有空格，看起來不覺沉重。不管是準備料理或者是花藝設計，沒有比這餐桌更適合當工作檯的傢俱了。打開高度不一的吊燈，廚房瞬間變身為咖啡館，絲毫不比飯廳遜色。

具有風格的廚房

1 既是準備料理的地方，也是夫妻倆進一步相處的空間，有時候廚房還兼做工作室。
2 形形色色的小物和料理道具，從造型到照明設備，沒有一個角落被忽略，散發一種清爽的魅力。

Dressing Room

衣帽間大變身

設有壁櫥和梳妝台的衣帽間，心形椅子讓人眼睛為之一亮。

Bathroom
親自鋪磁磚、刷油漆的浴室
就像新的一樣乾淨俐落。

改造浴室 粉刷衛浴設備

　　挑戰自助裝潢的人，就困難程度而言，貼磁磚最具挑戰，因為原來的地板和牆壁必須要是平的，作業過程中垂直和水平線都必須對得很好，還需要很熟練的技巧。張熙葉也認為磁磚工程最艱難，尤其他選的是洗練的灰色小塊磁磚，貼的時候必須更細心，花費了很多精神。

　　其他改造包括牆壁防水處理、浴缸和馬桶重新油漆，他們以最少的費用讓浴室改頭換面。造型特殊的收納櫃、可以自由調整角度的鏡子，夫妻倆的品味也在浴室做了最大發揮。

　　室內設計也有流行趨勢，跟隨流行佈置空間雖然也不錯，但是住家的室內設計就應該要像個私人空間，顯現出居住者的個性。旅行時，這對夫妻逛跳蚤市場也能感覺到幸福，對他們而言，新的、貴的物品不是重點，可以展現自己的喜好、表現物品原有的特質、時間越久價值越高的物品才是他們想要的。由於他們擅長找到這些東西並構築自己的世界，生活空間才會如此豐富多彩。

如何選用花束
佈置小窩

idea 1

準備花瓶

花本身就很美，因此也是一個裝飾效果滿分的素材，可以讓空間更加亮眼。新婚時期不管是入厝，或是邀請朋友來家中做客，常會收到鮮花當禮物，這時請不要隨意擺放或丟棄，應事先準備好一個寬大的花瓶來放置，既可以長久珍藏、珍惜送禮人的一片心意，還可以讓小窩維持一陣子的花香，打造幸福絢爛的氛圍。

idea 2

活用小花瓶

在家中，瓶口小的花瓶比瓶口大的花瓶用處更多，因為不用插太多的花且容易擺放，在小的空間裡也不會有負擔。小玻璃瓶是當花瓶的好材料，花束如果插在高的花瓶裡快要乾枯時，剪短插在小玻璃瓶內維持新鮮度，可以欣賞得更久。

idea 3

簡單就是美

對於插花的水準不要有負擔，在自家的空間內，不是一定非要完成完美的花藝作品不可，簡單一、二朵的花搭配幾片葉子就可以自成一格。邀請朋友到家中做客時，在每個地方放一些鮮花，雖然只是小小的裝飾，不需要什麼技巧，卻可以讓家中的氣氛變得更細膩柔和。

Pledge of Love

_by Chang. Woo. Park

it feels happy loving a man.
it make me happier for him to love me.
the fact that I have someone who stands
by me makes me realize my presence.
I shall so love him more that he can realize
I am always by his side.

9.

大膽的顏色和小小的裝飾佈置的客廳空間。

依照喜好翻修而成
地中海風的
幸福小窩

房屋型態：獨棟住宅
坪數：24坪
格局：客廳、廚房、臥室、衣帽間、浴室、玄關
總費用：1億韓圜（約255萬新台幣）
（地板工事、裱糊工程、窗戶施工、廚房工程、浴室工程、外牆粉刷、其他）
部落格：blog.naver.com/okddangs

擬定室內設計計劃時，現實和理想常常會產生衝突，對於在老舊平房開始新婚生活的朴賢玉而言，也面臨了一樣的課題。房子既有的結構無法符合她夢想中的住家風格，改建成完美空間的過程並不容易。歷經辛苦的翻修之後，她的房子蛻變成令人讚不絕口的美麗空間，她對住家風格的期盼已經成功融入她的幸福小窩。

　　在首爾都會中心會有這樣的房子嗎？朴賢玉的新婚小窩令人驚訝，還沒走進屋子裡，光從街角看到這棟高彩的建築外觀，就讓人眼睛為之一亮。進門之後，更驚訝於室內設計的精緻，整體的白色風格非常耀眼，明亮的房子裡點綴的藍色和紅色更增添了色感，異國風味迎面襲來，好像來到了地中海的某個國家。

　　「以前這房子是間旅店，後來因為老舊閒置了一陣子。我們認為與其貸款去買新的房子，不如在這間屬於婆家的房子居住，所以將它進行了大規模改建。除了外牆以外，其他部分全部翻修，就好像蓋一棟新房子一樣。」

　　因為是老舊的商業建築，翻修的過程可說是一波三折，由於格局不是方正的，要區分空間有點難度，傢俱的配置也不容易。施工的六個月期間，什麼事都經歷過──施工業者認為屋主指定的地板磁磚無法使用，自作主張鋪了木頭地板，結果因為濕氣重木板膨脹扭曲，只好拆掉地板重新施工改鋪磁磚；在電線尚未拉進來的地方點上蠟燭，藉著昏暗燈光用砂紙磨踢腳板的過程，都令人欲哭無淚。

打開朝向路邊的大門便可以看
見客廳，所以在大門和客廳之
間設置中門。

　　準備新婚小窩的過程有許多波折，但女屋主卻從中獲得了寶貴
經驗，費盡功夫最終完成她想要的居家風格。房子在讓人感覺清
爽的白色中，增添強烈的色感營造摩登氛圍，連可愛的裝飾品都
一應俱全，新婚夫婦的第一個愛的小窩終於完成。

以時髦的摩登感佈置客廳

　　一踏進玄關，看起來比室外溫度低五度的涼爽客廳在眼前展
開。由於是平房，路過的人很容易從屋子外面看進來，通常為了
保有隱私，連窗戶都會做得很小，還要掛上百葉窗阻擋視線，屋
內通常都是漆黑暗沉的。但在這間房子裡，連地板都選擇了白
色，企圖彌補這項缺點。大尺寸的拋光磁磚和房子的簡潔感十分
搭配，具有夏天涼爽、冬天溫暖的特性。然而一致性的白色容易
令人感覺冷淡，屋主利用藍色壁紙來營造感性的空間。在摩登的
白色空間裡，正藍色的花俏散發出誘人的魅力。女主人從一開始
就很喜歡藍色，所以部落格也取名為「藍色房子的女人」。

以壁紙佈置客廳亮點牆壁

1 和沙發成對角線的牆面，貼上在兒
童用品區挑選的素面深藍色壁紙。
2 電視下方掛有層板架，凌亂的電線
用和牆壁同顏色的壁紙覆蓋，不容
易被看見。

Living Room

Floor plan

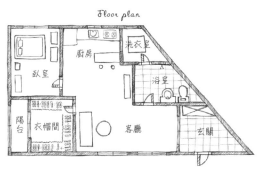

洗衣室
廚房
臥室
浴室
陽台
衣帽間
客廳
玄關

都會中的平房住宅，取名為「藍色的家」。

Pledge of Love

_by Chang. Woo. Park

it feels happy loving a man.
it make me happier for him to love me.
the fact that I have someone who stands
by me makes me realize my presence.
I shall so love him more that he can realize
I am always by his side.

2

跳脫定型化的空間構成

1 從玄關望去,衣帽間和臥室位
於客廳和廚房之間。
2 不方正的房屋格局反而創造出
與眾不同的有趣空間。

藍色房子的客廳，懸掛著可以
調整角度的吊燈。

　　「我們希望客廳能看起來寬闊，所以幾乎沒從娘家帶什麼行李過來，
也盡其所能不放傢俱，因為房屋格局不方正，不容易找到大小符合的傢
俱。」

　　在裝飾最少化的客廳，沙發後面的牆印有一首詩，女主人付出小小的
努力想要打造新婚小窩的甜蜜感。詩的內容是他們在戀愛時期的甜蜜宣
言，取材自老公親手製作送給她的詩集——名為「Pledge of love」的詩。
老婆藉此傳達了細膩的心，老公也深感滿足。

實現簡約風格的廚房

　　因為要配合格局進行裝修，廚房只能利用房子最裡面的一角打造，看
起來好像是附屬於客廳的吧台，成為一個迷你小廚房。天花板、地板、
上下壁櫥全部使用白色，以紅色的小傢俱和小物來打造生動感。使用三
原色當中的紅色佈置成的廚房，可以和客廳的藍色形成對比，突顯只屬
於廚房的空間感。

　　因為空間小動線變短，做料理似乎比較方便，但實際上屋主自己動手
做料理的機會並不多。女主人雖然對做菜很有興趣，還特地上了料理補
習班，以為婚後下廚的機會就會變多。然而實際的狀況卻不是如此，因
為下班晚，根本沒有做飯的時間，和老公的時間也常常對不上，無法如
願發揮實力，但她依舊常常在廚房走動，十分勤快。

像迷你吧的廚房

1 在白色磁磚上打造的廚房，摩登的風格簡單俐落。
2 雖然在職場上相當忙碌，女主人還是利用了美術壁貼、馬圖案的布料，在細節處裝飾廚房。
3 廚房放置一字形的流理台和愛爾蘭餐桌，從百葉窗灑進來的陽光讓廚房閃閃發亮。

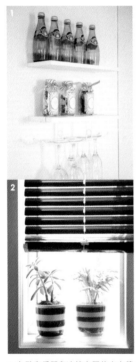

1 在臥室房門和冰箱之間的空白牆面掛上層架，以老公愛喝的飲料瓶和改造的玻璃瓶來裝飾。
2 窗台上排成一列的盆栽，讓房子增添了生氣。

Bedroom

床尾的壁面配置電腦桌
和梳妝台，帶有湛藍天
空的美麗婚紗照，和藍
色的牆壁十分搭配。

像海洋一樣涼爽的藍色臥室

　　每次搬家都為房間粉刷油漆，善於收拾凌亂的房子，對佈置很在行的
女主人，結婚後擁有了自己的空間，更是沉浸在裝潢的樂趣和幸福當
中。即使住家很適合被稱為所謂的「週末用」空間，逗留的時間很短，
但僅就家的存在而言，意義卻非同小可。

　　臥室佈置成簡潔的空間，特意呈現和客廳、廚房截然不同的氣氛，但
又使用淡藍的色調和家的整體感做連結。臥室裡首先映入眼簾的是獨特
的造型書櫃，和緊貼著牆面的床都給人一種優雅的感覺。帶有珍珠光澤
的藍色壁紙，從一定的角度來看，直條紋彷彿閃耀著光芒，在淡彩渲染
的藍色空間中，床罩、梳妝台、邊桌全都配置白色，營造留白的美感。

　　「我們認為床頭板沒有用處，所以只在床墊上放了床單、被褥，並用
大的抱枕墊在床頭，只要更換抱枕，床的感覺就會不同，很容易給予變
化。」

散發藍色魅力的臥室

1 這間房子雖然比小坪數的公寓寬敞，但由於不夠方正，寢具放在角落後，擺置其他傢俱都不容易，只在一旁放置樹枝狀的書櫃。
2 當紅酒架使用的書櫃，以樹木造型為設計主題。
3 床舖上方的牆面，掛著以夫妻倆的照片做成的普普藝術畫作。
4 由兩個傢俱組合而成的梳妝台收納空間十足，實用性滿分。

在臥室裡，掛著以夫妻兩人的照片模仿Andy Warhol的普普藝術做成的畫像，看過的人都讚不絕口。這件普普藝術的作品，調節了白色和藍色的單調組合，是縮減房間單調感的功臣。

活用所有壁面的衣帽間

從事時尚領域工作的男主人，因為衣服和飾品的數量非常多，迫切需要一個專業的衣帽間。在臥室旁邊，打開貼著人型模特兒壁貼的房門，便是他們引以為傲的衣帽間。這裡四面牆都設置了系統收納櫃，天花板裝置的照明讓他們很容易找到所需的衣物，內部活用各種收納層架、抽屜，讓所有的衣類、配件全都一目瞭然。長度到地板的遮簾讓衣服不會沾染灰塵，又能遮蓋開放式的衣櫥，讓衣帽間長久維持簡潔。隨著居住的日子越久，衣服、包包的種類和數量不僅不會減少，還會日益增加。雖然收納是件辛苦的事，但由於規劃得當，衣物分類擺放在固定的位置，對他們來說收納整理反而成為一件簡單的事。

1 在小空間利用掛衣桿收納衣物是最有效率的方法。
2 最近流行在小窩的每個房門掛上手掌般大的木質門匾，這間屋子的衣帽間則是以美術壁貼標示了房間用途。

Dressing Room

Bathroom

浴室裡，馬桶、洗臉台、蓮蓬頭
集中設置在一個角落。

裝有玻璃門的塑料收納櫃，
以格子花紋的塑膠貼皮改造。

位於浴室裡的櫥櫃樣貌。

斜角的浴室＆附帶天窗的洗衣室

　　斜角向外延伸、構造獨特的浴室，無法設置對女孩們而言等同
於浪漫的浴缸。狹小的空間在室內設計上原本就有所侷限，不方
正的格局要找出對策更是有難度。浴室最終設置成洗臉台、馬桶
和沖澡的蓮蓬頭對列的結構，有這樣的成果似乎應該感到滿足。
原先牆上掛置的收納櫃拆除不易，於是他們貼上塑膠貼皮加以裝
飾，洗臉台上的木框鏡子也是女主人親手打造的。

　　浴室裡另外安裝了一道門區隔洗衣室，洗衣室放進一個滾筒洗
衣機便沒有多餘的空間，由於頂上裝有天窗，採光良好，只要把
洗衣室的門打開，浴室的漆黑角落好像瞬間變得明亮起來。

　　如同音樂或時尚會有流行趨勢，室內設計的領域也一樣，如果
屋主沒有明顯的喜好或相關知識，佈置房子便很容易盲目地隨波
逐流。所幸，朴賢玉的新婚小窩明確地佈置出差異性的風格，並
抓住整體合一的概念，是個久看也不會感到厭煩的家。站在這個
獨具一格的空間裡，會讓人暫時忘記自己位於都會中心。這裡是
個和外面有所區隔的新世界，只屬於他們夫妻倆的世界。

改造傢飾
獨一無二的
原創裝潢

idea 1

模仿名作

並不是只有貴的物品或是藝術真品才有價值，只要有一點小創意，就可以擁有世界上獨一無二的裝飾品。寢室中掛的畫像，便是模仿世界知名的普普藝術，夫妻倆的照片反覆排列構成拼貼式的畫作，還可以依據空間來調配尺寸和圖片的數量，訂購自Flying brush購物網站（www.flyingbrush.com）。

idea 2

賦有意涵的
文字圖騰

沙發後的壁紙上是夫妻倆在戀愛時期的甜蜜誓言，他們將之翻成英文，做成生動的壁貼貼在客廳當中。詩篇裡寓含著只屬於他們的共有歷程，更顯其意義。壁貼的製作價格不昂貴，可以廣泛運用在牆壁、房門、窗戶等，裝飾大空間效果很好。因為容易撕卸，看膩的時候，換上新的文字圖騰，空間的氣氛也會跟著改變。購買處：Decosarang購物網站（www.decosarang.com）。

idea 3

依照趣向
改造傢飾

如果市售的成品無法滿足自己的需求，有很多可以直接訂製的管道。最近更掀起一股熱潮，不管是傢俱還是布製品都有很多為DIY族設計的半成品，在購物網站上很容易買到依尺寸需要裁切的木板和布料。朴賢玉以塑膠貼皮佈置梳妝台、收納櫃，甚至是廚房抽油煙機的外緣，改造的效果看起來都很棒。回收的玻璃瓶罐可以貼上輸出的漂亮圖片，再度製造成美麗的瓶器。

和小狗白孫命運般的相遇，
一起住在帶有感情的韓屋

改造近代韓屋
具有庭院的
新婚空間

房屋型態：L形現代韓屋
坪數：27坪
格局：廚房、臥室、書房＆飯廳、讀書房、衣帽間、浴室、化妝室（外部）、院子
總費用：700萬韓圜（約18萬新台幣）
（電路管線、裱糊工程、下水道工程、其他）

12

選擇和別人不同的路，生活的色彩也會跟著不同。即使住在首爾的市中心，也希望能在家裡的院子養狗，和知己好友一起烤五花肉來吃。沈孝真夢想中的新婚小窩和別的新娘非常不同，她選擇的韓屋等同於一項老天的恩賜。即使有一天將搬離這塊地方，她的第一個新婚小窩、第一間韓屋都將成為永久的回憶。

想要一個有院子的家，新娘的願望很簡樸。養養狗、做做園藝、烤五花肉來吃⋯⋯不著邊際地想像這些能在庭院裡做的事，便想居住在有庭院的住宅裡。事實上，說新娘的心願很簡樸這句話是錯的，因為在以高房價惡名遠播的韓國首爾，夢想庭院這件事，比想擁有一間高價的江南區公寓還要缺乏現實感。但新郎卻想實現新娘的願望，有一段日子，他常騎著心愛的摩托車，到他們約會喜歡去的延禧洞、城北洞等社區，看了許多房子。

「一開始目標不是韓屋，而是找有庭園的房子，自然也就參觀了很多韓屋。本來想要在城北洞找住宅，但那裡冬天積雪的話，可能會有動彈不得的窘境，這些因素不得不顧慮。」

夫妻兩人都是需要經常加班的新聞媒體人，無法不在意交通條件，有挑選住宅經驗的老公比老婆瞭解生活機能的重要，一處一處地去觀察，決定了現在這棟位於城北區東小門洞的房子。為人父母的難免會擔憂女兒的新婚生活，所以娘家的父母一度強烈反對女兒住在生活不便的韓屋，再加上房子的狀態並非十分理想。雖然是近代建造的都會型韓屋，之前的住戶多多少少依需求做了整修，但仍然看得見破舊的模樣，冬天寒冷，夏天也不涼爽，生活不便的確是事實。

但沈孝真就是喜歡這間房子，現在夢想中的心願已經實現。一天結束時，坐在木廊台上望著漆黑的天空是一件快意的事，和寵物「白孫」每天出去散步兩次也不覺辛苦，她認為在自己家做的每一件事都是享受。

位於邊間的臥室　打造沉靜氛圍

這房子不像公寓的客廳和臥室有明顯的區隔，三個房間差不多大小，以側拉門來隔間，並列成一長排。在這樣的格局下，他們選擇採光最不好的邊間當作臥室，因為臥室算是休息的空間，對於明亮度不需要太講究。裡頭配置感覺厚重的床具、結婚前用的書櫃、抽屜櫃、梳妝台。雖然這些傢俱來自不同的商店，但由於全是木製品，因此能夠各自融合在環境中。書櫃上則掛著夾式的檯燈，給予臥室柔和的光源。

房裡的抽屜櫃做為衣櫃使用，雖然另有衣帽間，但因為和臥室有點距離，拿衣服時要特別走出去有些麻煩，所以日常家居服就置放在抽屜櫃

木質傢俱佈置的臥室

1 三個房間中，夫妻將最裡面的房間佈置成臥室。
2 靠近床尾的角落放著抽屜櫃和梳妝台，收納常常穿的薄衣物。

Bedroom

裡。抽屜櫃上方放著岳母特別準備的厚實坐墊，顏色和樣式和這間屋子十分協調，成為很實用的擺設品。

「真的看了很多有關室內設計的書，因為想要DIY佈置屬於自己的房子。我們也去看了很多商業住宅，請教過擅長佈置居家空間的人，但實際上要照他們的方式做起來有點難度，書裡所寫的也好像太過理想化了。」

感覺到理論和現實的差距了嗎？自己的生活形態和那些看起來很美的樣式均衡起來並不容易，即使如此，她對於要佈置一個更好的新婚小窩也沒有絲毫鬆懈。

夫妻一起用功的讀書房

位於中間位置的房間，要賦予它明確的機能在型態上有些困難。他們大多數的時間都待在飯廳，中間房只不過是他們從臥室走到飯廳的通道而已，它的特徵是有一個入口和庭院相連結。

側拉門區隔臥室和讀書房。

Study Room

隨時改變用途的讀書房

1 位於對外出入口的位置，鋪上地板坐蓆，可以做為客房用途。

2 中間房的電視移到臥室，空間改變了用途，夫妻或在這裡讀書，或培養生活興趣，沈孝真便在這裡放了台裁縫機做喜歡的縫紉。

3 臥室旁的讀書房和飯廳並列連結。

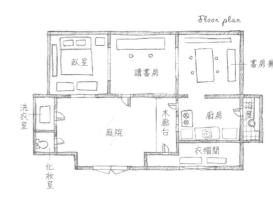

Floor plan

臥室　讀書房　書房

洗衣室　庭院　木廊台　廚房　浴室

化妝室　衣帽間

他們在房間裡放了一張桌子，決定兩人一起唸書，也給中間房起了「讀書房」這個名字。丈量壁面長度挑選的大長桌，和這間韓屋十分相配。

　　瞭解這個空間就能領略出韓屋的精髓，雖然很多房子從外表看起來是間韓屋，但是內部裝潢配合現代便利的生活型態，放進傢俱椅子後便不用盤腿坐在地上。然而他們只放了一張桌子和兩張椅子，其他的部分就保留傳統韓屋的模樣，平時可以在地板上打滾、席地而坐，或是躺在地板上讀喜歡的書。盛夏時光就在這個房間睡午覺，有朋友到訪時可以在這裡一起遊戲，晚上則變身為客房。讀書房既可以是正統的韓屋，又同時具有多樣用途。

All in One空間　書房、客廳兼飯廳

　　這個位於轉角的空間，對他們夫妻倆來說既是客廳，也是飯廳和書房。由於廚房很小沒有放餐桌的地方，位於廚房旁的客廳很自然地被賦予飯廳的功能。

很喜歡閱讀的夫妻，連飯廳都有書櫃，讓書籍隨手可得。

傳統韓屋的結構中，打開由屏障做成的側拉門，
臥室、讀書房、客廳便合而為一，將側拉門關上
的話，又可以分隔成獨立的空間。

Dining Room

以女主人喜歡的傢俱佈置成的飯廳，
垂下一盞簡潔俐落的吊燈。

移動有著美麗門檻的側拉門時會發出「得勒勒」的聲音，極具復古幽情。

「之前在煩惱空間分配的時候，想把這裡佈置成衣帽間，因為離浴室很近，拿衣服也方便。但是顧慮到這個空間和其他空間相連結，以後客人來的話也會很不方便。」

決定把這個房間佈置成家裡的主要活動空間之後，就把它和廚房之間的側拉門拆除，進出走動較為順暢，照明設施也重新安裝，讓氣氛更佳。各項功能齊聚一堂，最顯眼的傢俱便是餐具櫃和寬敞的大餐桌。

「由於工作繁忙，當初準備結婚用品時沒有逛很多地方，有一天利用午休時間到公司附近的百貨公司，逛著逛著便發現一個設計樣式很棒的餐具櫃。雖然無法盡全力佈置自己的家，但這傢俱選得還算滿意，我喜歡設計簡單、用料實在的木質傢俱。」

她對於塑造室內設計的風格沒有明確的計劃，但藉著購買餐具櫃這個契機，順勢挑選了相搭配的桌子、梳妝台，同時抓住佈置的風格走向。以存在感大的傢俱為中心，小傢俱再遵照相同走向購買，以此方式完成了佈置工作。書本佔他們新婚家當相當大的比重，本來為收納十分傷腦筋，後來訂製了一個書櫃來解決這個問題。

1 從娘家帶來古意濃厚的傢俱和收納桶、針線盒，與現代傢俱完美地融合在一起。
2 拆除了廚房和客廳之間的門，動線變得很順暢，客廳成為可以用餐的空間。

散發新婚氣息的白色廚房

　　廚房應該是婚後女子最先感受到持家樂趣的空間，但韓屋的廚房配置和端正的系統廚具相差甚遠。它的格局特殊，有一個通往庭院的門，又和浴室相連結，再加上料理空間不大，只放了有設計感的小型家電和雙門大冰箱，空間顯得侷促。與其追逐幻想，不如找個和現實環境折衷的辦法，廚房裝潢又驗證了這個室內設計的真理。

　　活用上壁櫥旁凹進去的壁竈，以開放式層架收納鍋碗瓢盆，並以移動式的愛爾蘭餐桌收納小型家電和其他廚房用品。雖然廚房小，收納空間不足，但在面向庭院的窗台上，還是可以插上一朵鮮花，他們佈置的廚房，仍然是一個充滿閒情逸致的空間。

　　「為了配合這個空間，連購物方式都改變了。以前住在公寓的時候，到百貨公司將物品一次購足，全塞在後車廂帶回家；在這裡生活無法一次購買大量物品，只能在下班的時候順道前往商家，一次買一些必需品，所以我已經和生鮮商店的大叔變熟了，也常和路過的老奶奶打招呼。」

　　雖然韓屋的廚房機能或傢俱，和公寓、住宅不會有太大的差異，但從市場買來的每樣東西卻都帶了點人情味，當中還蘊含溫暖的故事，這般幸福的感覺也完整地轉移到他們夫妻的餐桌上。最近，願意欣然接受一點點不便而選擇在平房或韓屋裡生活的人越來越多，聽完她的故事便能漸漸理解這個現象了。

韓屋廚房的小角落

1 愛爾蘭餐桌比一般餐桌更具功能性，可以整理廚房用品當收納櫃使用。
2 以庭院盛開的花讓廚房瀰漫香氣是在公寓生活無法想像的事。

實現夢想的浪漫庭院

　　擁有一個小庭院做為自己的空間，是女主人對新婚小窩的首要條件，如前所述，她想要在這個地方做的每件事都一一實現了，這當中和白孫意外地相遇，更像是命中注定一般。白孫是寵物的名字，因為老公提到了林巨正（編按：韓國民間劫富濟貧的義賊）的兒子叫做白孫，所以她為狗起了這個名字。不過和這個故事大不相同的是，白孫是在陌生的街頭被某位主人遺棄的。

樸實的韓屋庭院

1 庭院和木廊台是居住在韓屋才能獲得的禮物。
2 沒有地方可以披覆土壤種植植物，便以各種盆栽來取代。

韓屋成列的巷弄中的第一間屋子，從外觀可以略窺其屋齡。

「剛好在結婚典禮的前夕，看見白孫在附近晃蕩，聽說主人沒有出現的話，牠就會被送到保護所安樂死，所以我們決定帶回家養，反正本來就決定不去寵物店買狗，而是要用認養的方式。去蜜月旅行之前，我再三叮嚀臨時保護所，保證一定會來帶白孫回家，請他們好好照顧牠。蜜月旅行一結束，我放下其他的事，馬上把白孫領回家。」

在家時，她常在庭院裡整理植物，不管是吃進很多飛蟲的食蟲植物還是香草盆栽，都會成為白孫的朋友，因為這個庭院屬於他們共有。

擅於交際的女主人也在庭院享受到不同的樂趣，和幾個朋友圍在一起烤肉的趣味時光，都多虧了庭院的存在。雖然這間房子在幾經轉手後，韓屋的模樣漸漸走調，但不同的季節庭院會有什麼樣的新面貌，期待的心情會讓人忘記這一切。

韓屋裡的其他空間

屋齡看起來已經數十年的房子，浴室或是在外頭的化妝室、地板等都有修補過的痕跡。特別是通過木廊台連結的衣帽間，這間緊鄰路邊巷弄的長方形房間雖然不能當臥室，但是空間足以做很多用途，老舊的韓屋和設有壁櫥的公寓不同，必須另找空間或傢俱來整理家用品。他們在衣帽間設置了系統掛衣桿，可以收納過

坐在庭院裡，透過屋頂間隙欣賞時時刻刻變化的天空也是一件樂事。

季衣服、外套、棉被等，此處也接收其他無處可放的雜物。還好尚有空間可以發揮實際功能，使家中不致凌亂，洗衣室在庭院的另一端成獨立空間，洗好的濕衣服就晾在庭院中，這是具有人情味的房子才擁有的景觀。

　　曾經是父母膝下聽話的女兒，長大後結婚獨立，心情雖然很不捨卻也很愉悅。沈孝真開始自己完整的生活後，最大的改變就是打理房子——可以和最愛的人在一起，用自己的手投入感情打掃擦拭。雖然搬家之前已經做好心理準備，但需要打理的地方不勝枚舉，意外支出也難以減免。即便如此，她還是喜歡自己的房子，只有週末可以完整享受屋裡空間讓她偶爾感到遺憾。然而他們依舊懷抱著夢想，「以後想再買一間更牢固的房子來佈置」，她很喜歡日本特有的自然風，也許在夢想實現之前，她都會認真地研究室內設計也不一定呢。

仔細挑選韓屋
的方法

idea 1

確定生活
機能便利

公寓住宅區周邊會有超市、公園等便利設施，但平房區便不一定，會有很多生活機能不足的狀況。如果是每天要上下班的話，更要觀察住家和市場、地鐵的距離近不近？此外，停車方便與否也很重要，如果要利用附近的付費停車場的話，有時會需要付公寓大樓的管理費。

idea 2

確定住家
的安全性

在都會區中大部分的韓屋都密密麻麻地緊鄰在一起，如果圍牆很低，從外面可以將屋內看得一清二楚，附近有高樓的話，要保有隱私更是困難。因此最好挑選治安良好的地區，以及無法從外牆攀爬進入的建築結構。若是真的覺得不安，也可以裝設監視器。

idea 3

檢查電路管
線和水道

選韓屋時不要只注意格局，要確定電路管線、自來水、下水道設施都沒有問題。大部分的韓屋都有數十年的歷史，設備落後的情形很常見，如果魯莽地搬進去才發現問題的話，可能需要支付很多想像不到的費用。

和任何材質、顏色均能搭配的基本款
白色新婚小窩。

當白色與樹木相遇 自然摩登的 生活空間

房屋型態：公寓
坪數：27坪
格局：客廳、廚房、臥室、書房、衣帽間、浴室、多用途室、陽台、玄關
總費用：1850萬韓圜（約47萬新台幣）
〔地板工事、電路管線、裱糊工程、廚房工程、壁櫥外其他傢俱（陽台擴建和百葉窗除外）〕

對於結婚前夕的準新人來說，佈置兩人愛的小窩，是一連串激動又幸福的瞬間。一點一滴學習室內設計相關知識的模樣，就像用功讀書的學生般真摯。這是一對將內心描繪的房子佈置成實貌的聰明夫妻，他們的室內設計經驗談特別令人好奇。

　　離結婚典禮只剩下一星期，為了我們的拍攝撥出時間的元尹喜和金恩石夫婦，是在教會相識的，以兄妹情誼相處長大，結為夫妻卻是從未想過的事。他們愛開玩笑的樣子雖然和以前沒什麼不同，但準備結婚至今，對婚姻開始有了真實感。

　　佈置新婚小窩這件事，對二十四歲、二十九歲的年輕夫婦來說是初體驗的大事，再加上是天花板很低、很有壓迫感的公寓，又常被其他棟公寓遮住視野，他們看過這昏暗的房子後心亂如麻。從那時候起，精明幹練的元尹喜開始變得忙碌──加入網路室內設計討論區，開始收集相關資料，光是A4的紙就印了200張，也收到了15家室內設計公司的報價單。

　　「看到佈置得很漂亮的房子，就會很想在那樣的空間生活。也許是婚後沒有專屬自己的房間，因此有股欲望想要佈置一個自己的小天地。」

　　某天，網路社群討論區的一間房子讓她眼睛一亮，她對那間房子的室內設計十分著迷，決定要依照相同的風格佈置自己的家。對於房屋佈置算是新手的她，沒有比那間房子更明確的提案了。決定了整體風格，接著考慮空間狀況、預算、理想與現實、實用性等，兩星期後開始動工。

以大面積的長沙發為重心配置木質傢俱，
並以彩色抱枕做搭配。

Living Room

不用擔心鞋子收納問題，
因為他們做了一個超寬敞
的鞋櫃。

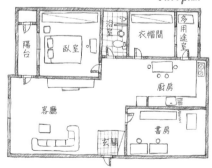

Floor plan

陽台　臥室　浴室　衣帽間　多用途室

廚房

客廳　玄關　書房

　　腦海中描繪的家實際出現在眼前時，她自己也覺得神奇，老公更是大為讚賞，對老婆充滿感激。在結婚典禮前，這對勤勞的夫妻連房子裝潢的收尾工作都整理得完美無瑕，房子裡彷彿已經飄出了飯菜的香味。

空白餘裕的簡潔客廳

　　他們的客廳很適合用「沒有一點累贅」來形容，簡單而不花俏，這樣的居住空間有一種節制的美感。擴建後的陽台空間很寬闊，客廳不能少的電視和沙發，則是僅有的基本配備。

　　「看在長輩眼裡，客廳好像太冷清了，應該要再添置一些家當。但是我們很想保持現況，盡可能維持簡潔的空間。」

　　客廳和其他空間相比，白色發揮了最大的優點。以白色的天花板和牆壁為主，地板材料也以和白色相近的顏色來鋪設，因此這間房子雖然不是正南向，明亮度卻毫不遜色。這是女屋主讓照明、百葉窗，甚至連沙發都統一使用白色的成果，一切都在她的掌握之中。

　　「也許以後會想改變室內風格，要從白色變成其他色彩概念比較容易，所以我們認為暫時先以白色為主調是恰當的作法。」

　　設置電視的藝術牆完美地彌補了白色空間單調的缺點，經過一些特殊處理的牆壁，可以讓美麗的傢俱或圖畫更彰顯其美感。

沙發旁木製的層板架，可以兼當收納架，也可以活用為邊桌。

散發黃色光源的立燈，可以在單調的空間中調節強弱。

白色成為主色調的簡潔客廳，
青翠的海芋盆栽帶來生氣。

當白色與樹木相遇

1 在間接照明上下功夫，白色空間增添了朦朧感。
2 經過立體處理的藝術牆，即使不搶鋒頭，裝飾的效果也很大。
3 玻璃桌面和木質桌底十分搭配的客廳桌，非常適合摩登空間。

以照明打造甜蜜的臥室

　　她在佈置新房的過程中，深切地領悟到要平衡夢想與現實是多麼困難的一件事，新婚夫婦最在乎的臥室也面臨了一樣的衝擊。由於喜歡暈黃的燈光，所以他們想要裝置鹵素燈，可是又想維持低廉的費用，對於要選擇節能的燈泡或是耗電的鹵素燈相當猶豫。最終她決定實現夢想，應變之道則是在其他地方縮減費用，而鹵素燈的效果也讓她超乎預期地滿意。臥室在溫暖的燈光下氣氛更好，傢俱的價格就盡可能壓低，乍看之下這些傢俱好像是一整組買進，事實上是購自不同的網路商店，這個省錢妙招對未來要買進傢俱的人極具參考價值。

　　「木製傢俱的市場比想像中的小，選擇範圍並不大，光就床具來說，由於不滿意床框的款式，有一個月的時間陷於購買與否的掙扎。梳妝台也是，我們在最後一刻換了品牌。雖然母親建議我們買整套的傢俱，但我們分別買進的傢俱組合在一起，卻比預期的還要漂亮。」

　　照明和木質素材為臥室帶來舒適感，搭配出來的感覺也很像飯店房間，也許是設計簡單的傢俱發揮了效用。和摩登的客廳不同，這間臥室是個可以消融緊張感的休憩空間。

i was
born to love you

Bedroom

1

2

以相同色調佈置的沉穩空間

1 鹵素燈照明和奶油色光彩的壁紙打造優雅的臥室。

2 看起來像一整組的梳妝台和抽屜櫃，梳妝台附有蓋子，可以不必擔心灰塵。

3 和臥室氛圍相符的百葉窗是嚴選的配角，既輕薄又是自動電捲式，非常方便。

3

Kitchen

廚房發揮最大的實用性，
白色和木質傢俱營造出調和感。

在餐桌旁坐下時，
視線所及之處皆以
層板來裝飾。

廚房在原有的構造下增加了收納空間，成為更便利的系統廚房。

廚房添置的物品統一走自然
風，全是木頭材質。

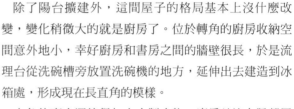

壁櫥內部分類收納、使用方便，
隨時可以維持整齊的狀態。

　　除了陽台擴建外，這間屋子的格局基本上沒什麼改變，變化稍微大的就是廚房了。位於轉角的廚房收納空間意外地小，幸好廚房和書房之間的牆壁很長，於是流理台從洗碗槽旁放置洗碗機的地方，延伸出去建造到冰箱處，形成現在長直角的模樣。

　　白色的高光澤傢俱加上木製小物，廚房並沒有脫離屋子的白色主題，配合精心挑選的小型家電、上下櫥櫃裡便宜的收納器具，都讓物品的使用和整理很方便。數量龐大的餐具也各就其位，不浪費任何一點空間。

　　「最近正在學習收納物品，真的應該只買必需品，捨棄不用的東西，我們下定決心要過簡單俐落的生活。」

　　廚房的空間結構不適合放愛爾蘭餐桌，只適合一般桌子。剛好有一個關注已久的餐桌正在舉辦特惠活動，因此她順利地買到了。再加上先前購入的深色餐桌也可以退貨，讓他們感到非常幸運。廚房增添了這一層好運的機緣，讓他們兩人更加珍惜。

Study Room

活用所有壁面的實惠空間

1 書櫃上不只有書，還有各種型態的裝飾品，使其成為陳列的空間。
2 設置拉門可以視情況展示或遮掩鋼琴空間。
3 綠色成為亮點的書房，以組合式傢俱來佈置。

木質的拉丁字母裝飾板條，隨著選用的大小和顏色，可以打造千變萬化的感覺。

書房是新婚夫婦的遊戲間

　　玄關旁的小房間，既是他們倆打電玩的書房，也是家中唯一強調色感的空間，他們選擇了綠色來佈置書房。當初依循老公的意見，電腦主機和螢幕全都選擇了白色，但書房並不是要走白色路線，他們決定選用綠色的理由也很有趣。

　　「情侶電腦是我們的浪漫表現，決定要一起在書房打我們喜歡的電玩。雖然想過一台桌上型電腦搭配一台筆電會比較合適，但最後買了一模一樣的電腦並排在桌上。挑傢俱的時候，大部分的椅子都有顏色，結果我們配合椅子的綠色，壁紙、時鐘和燈具都挑選同色系搭配。」

　　進書房的時候會看到一排塑膠拉門，從擴建的陽台延伸到窗邊。推開這扇又叫做「伸縮門」的拉門，女屋主的鋼琴映入眼簾，為了掩藏這台和屋子不太搭調的鋼琴，他們特意設置了拉門，也期待拉門可以抵擋冬天的寒風。無論如何，佈置書房最大的功臣還是老公，他對於負責室內設計的老婆做的所有決定，不只是口頭上支持而已，還花了許多時間一一組合需要費力拼裝的傢俱。他們精心佈置完成的書房，如願地成為幸福的遊戲空間。

並列置於書房的白色情侶電腦，如同他們夫妻一樣深情。

充滿未來展望的衣帽間

　　她曾聽說，女人成為賢內助的方法之一，便是佈置一個漂亮優雅的家，傾聽老公的想法，打點出一個很棒的安身之處，讓家成為老公想要早點回來的地方。就算沒有這個理論，光是和心愛的人一起生活，空間佈置就讓她費盡思量。即使現在很幸福，室內設計也必須顧慮到未來規劃，衣帽間裡寬闊的衣櫥，便是考量到了小孩誕生後育兒用品的收納。如果打算長久定居的話，裝潢時必須有長遠的眼光。

　　每個人都對自己夢想中的房子有所期盼，元尹喜顯得更為殷切。和相識已久的兄長變成戀人，又結為連理，每一段過程都極其珍貴。對待自己房子的心情也一樣，就算是買一件小東西也會上網搜尋無數次。一切慎重行事，都只因為珍惜這份情緣，新郎金恩石先生瞭解她的心意，總是陪伴在側。這對想儘快搬進新婚小窩的準夫妻，他們的心早已遨翔在空中。

Dressing Room

生活模式如果改變，衣帽間也可以變成別的用途。

多用途室的收納櫃和家電用品也都選擇白色。

浴室設置淋浴間，收納櫃的鏡面讓空間看起來更寬廣。

設計款傢飾
實惠的
結婚用品網站

No. 1

Ineed　www.ineed.or.kr

京畿道坡州市的年輕木匠手作原木製品販售處，主要使用智利的松木或是洋槐木，元尹喜在龍山I'PARK百貨公司的賣場看見這些作品，購買了梳妝台、邊桌、客廳桌等原木傢俱。

No. 2

Beautiful Room　www.beautiful-room.com

展示多樣的生活用品，從傢俱到布製品、燈具、廚房用品等均有販售，購物網站也代理專業設計師的設計品，可以接受寢具、窗簾、抱枕等布製品的訂做。夫妻倆在這裡購買了寢具、拖鞋、面紙盒、筷子桶等小物品。

No. 3

Café at home　www.e-cafeathome.co.kr

他們為了冰箱收納去購買容器，發現了這家網站有很多想像不到的趣味生活用品。主要販賣有助於空間活用的刀架、碗架、塑膠籃、旋轉茶盤、密封罐等，也有專門擦百葉窗的刷子、貼在馬桶上的把手等。挑選這些有助於生活便利的創意產品非常有趣。

No. 4

Dodot　www.dodot.co.kr

有名的傢俱專賣網站，年輕的夫婦尤其喜歡Dodot簡潔俐落的設計傢俱。他們書房裡的書桌、書櫃、椅子等全購自這裡，另外加付費用的話，也提供傢俱組裝服務。

基本款傢俱、童年照片和景觀窗，
都讓客廳變得十分特別。

改變顏色與傢俱
創造愉快的
生活空間

房屋型態：公寓
坪數：階梯式28坪
格局：客廳、廚房、臥室、讀書房、衣帽間、浴室、多用途室、陽台、玄關
總費用：780萬韓圜（約20萬新台幣）
（地板工事、景觀窗工程、客用化妝室、粉刷工程、廚房傢俱工程、浴室工程、更換玄關門）

夫妻倆暫住在住商兩用房，滿心期待地佈置幸福小窩。房屋只完成了基礎工程，他們便挽起袖子，大膽地挑戰裝潢工作。這期間經歷的失誤都成了新鮮、愉快的體驗，對他們而言，室內設計不是辛苦的差事，反而更像有趣的遊戲。

　　在全羅道麗水居住的崔惠英和李東奎夫婦，結婚後在住商兩用房居住了八個月。那時正在籌備麗水博覽會，他們想要找的20坪左右的公寓幾乎都沒有了。基於地域的特性，年輕世代的房屋需求量龐大，價格範圍落差也極大，不容易找到滿意的房子。最後，他們買了一間公寓打算長期居住，公寓的位置可以一眼就看到海邊美麗的風景。

　　「由於需要裝潢施工，我們四處奔波找了許多裝潢公司，就為了選一家最便宜的、將費用降到最低。結果發現報價差異非常大，有的光是浴室施工就超過200萬韓圜，也有浴室施工加上貼廚房磁磚只要100萬韓圜的。以我們的狀況，只進行基礎工程的話，不用全交給一家公司應該沒關係。」

　　精打細算的裝潢完工後，他們離開了住商兩用房，正式搬到新房定居。為了工作從外地來到麗水，這間房子卻比其他任何地方都要讓他們感到自在，好像是真正屬於自己的家。他們親自粉刷油漆、貼磁磚，不但不覺得累，還直說：「很有趣，很輕鬆！接下來要做什麼呢？」露出認真思索的眼神。

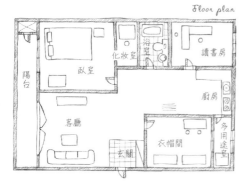

Floor plan

陽台
臥室
化妝室
浴室
讀書房
廚房
客廳
玄關
衣帽間
多用途室

木質景觀窗　客廳的最大亮點

　　夫妻倆決定客廳的傢俱和小物只買必需品，以最少化物品的原則來佈置。首先，他們選購了懷舊的客廳桌和迷你矮櫃，接著決定了地板材質，開始進行全面性改造。主導整個客廳氛圍的是景觀窗和相框，屋子沒有擴建陽台和窗框工程，取而代之的是設置像東南亞度假勝地才有的景觀窗，打造異國風別墅的感覺。如果不是為了打掃或其他類似理由，景觀窗都是關上的，最近他們正在考慮要不要換漆其他的顏色。

　　「為了製作景觀窗的門扇，去了木工材料行詢問，他們說可以因應既有的成品，依陽台的大小來訂製，而且價格比一般的裝潢公司來得便宜。」

　　和木頭材質很搭的黑色相框，裝的是他們的照片。老公大學時期學過攝影，在巴黎蜜月旅行時幫老婆拍了很多照片。買進尺寸大小不同的相框構成一個組合，和白色壁紙形成黑白風格的客廳，相框間隔一些距離彼此對稱排列，依相同的個數配置。照片裝飾同時也運用在鞋櫃上，拍立得照片發揮了很好的效果，打造出只屬於這房子的風格。

　　沙發是人造皮革，鋼鐵製的椅腳和輕薄的皮革感帶來了不一樣的氛圍。

白色空間中的彩色點綴

1 以白色為基本色的房子，每個空間再以不同的顏色構成來表現。
2 經過黑色的玄關，就會通到像夏天海邊一樣涼爽的廚房。
3 用層板和磚塊做成的開放式書櫃，是放置夫妻收藏品的一個角落。

Living Room

「我們沒有擴建陽台，因為不管房子再怎麼隔溫，外頭吹進來的風都太強了。再者，我們需要一個可以遮蓋雜亂家當的空間。在姊姊的帶領下我們自己貼磁磚，用便利塗料粉刷牆壁。過程中手臂很痠、吃了很多苦頭，但是因為姊姊的家也是親手佈置的，對裝潢很有研究也很有經驗，她的忠告給了我們很大的幫助。雖然也是基於節省費用的考量，但實際住進去之後，真的好幾次慶幸自己沒有擴建陽台。」

童話般的空間　可愛的彩色臥室

他們的臥室就像從童話故事中搬出來的一樣，完全沒有現實感。臥室想以最少的物品來配置，床和鐵櫃便是所有的傢俱。即使如此，臥室卻一點也不顯得寒酸，利用顏色和圖案搭配出來的效果，反而隱約透出一種可愛的少女情懷。

1 海邊村落的陽光從景觀窗灑入客廳。
2 摩登的相框和懷舊傢俱置於客廳一角，復古的電話機實際使用中。

Bedroom

臥室呈現一種節制的美學，紅色是空間主角。

　　「床頭的壁面本來想貼紅色的壁紙，但是很難找到滿意的紅色；想試試黑色斑紋的圖案，又因為數位輸出的費用太昂貴而放棄，最後選擇淡紫色的壁紙，因為適合搭配紅色的傢俱和小物。那時候，才瞭解室內設計不是一切都能如願。」

　　不久前他們更換了床的位置，方便欣賞投影機的影片，對他們兩人而言，舒服地躺在床上看電影、聊聊天，最能感受甜蜜的幸福時光。

　　「真的很想推薦投影機給新婚夫婦們，在家裡一邊喝著啤酒享受愉快氛圍，不必購買昂貴的螢幕，自己的家就可以像電影院一般歡樂。」

　　用絲質門簾遮起來的化妝室，完美地成為獨立的空間──原本猶豫著「只有兩個人，似乎不需要特別設置一間化妝室吧」，後來還是為了老婆加以改裝，並選了一個尺寸相符的書桌當梳妝台，訂製了附有照明的鏡子，完成女人夢想中的照明梳妝台。平凡的化妝室變成像是名演員使用的華麗休息室，十分令人驚豔。

以顏色呈現臥室風格

1 臥室淡紫色的空間內，放進紅色傢俱十分協調。找尋床具時，意外發現這個鐵製床框，柔和的曲線是其特色。

2 用裝潢浴室剩下的材料佈置化妝室，以絲質的門簾區隔空間。

3 用IKEA熱銷的紅色鐵櫃妝點的牆面，也是夫妻倆看投影片的螢幕。

這可不是一般常見的梳妝台，而是梳妝專用的照明鏡子。

Kitchen

廚房充滿洋溢生機的顏色，是個會讓人想要做料理的舒適空間。

用創意小物佈置的藍色廚房

　　令人心情愉悅的廚房綜合了多樣顏色，冰箱則藏在多用途室，餐桌不久前也移走了。不像一般家庭的料理空間，這裡充滿了五彩繽紛的用品，像是咖啡館的開放式廚房。女主人在購買廚房用品時，只挑選擺放出來有裝飾效果的物品。一般的廚房再怎麼乾淨，也難以抹去生活的痕跡，但這間屋子卻因為這些裝飾小物而與眾不同。

　　夫妻倆特別喜歡廚房，對喜歡料理且手藝很好的老婆，以及做下酒菜很有一套的老公來說，沒有比廚房更重要的空間了。即使工作再忙，一天也一定要有一餐在家一起吃飯。這對勤勞的夫妻費了很大的心力佈置廚房，在拆掉上壁櫥後，原本打算用無光澤的白色材質打造下壁櫥，安裝完成後才發現材質實際上接近粉紅色。雖然一度感到不知所措，但還是想辦法把它改造成復古的感覺。老公有著務實的性格，漆油漆對他而言算是容易的事。他總是充滿幹勁想讓物品煥然一新，連買來的橡膠花盆也打算上漆，之後還想在陽台旁栽種植物呢！

包裝別緻的點心和零食全部放在層板上當作陳列的裝飾品。

料理必備的道具，設計感、顏色都經過仔細地挑選。

拆掉上壁櫥的直角廚房，就如同一個色彩繽紛的廚房用品展示場。

相同顏色的物品聚在一起擺放，可以打造出一個主題空間。

為什麼移走了餐桌呢？因為在挑選時未能順利找到想要的款式，原木材質的顏色不容易搭配，愛爾蘭餐桌高光澤的表面又不符需求。偶然買了一個便宜的白色餐桌，但覺得平時都在客廳裡吃飯，放在廚房也沒有用處，於是便將它移至小房間，當作看漫畫專用的書桌。就像對料理的熱愛，夫妻兩人也都是漫畫迷，還訂購了木板和磚頭製作書櫃，專門收納漫畫書。看來這對夫妻並沒有被佈置房屋的公式牽絆——客廳要有沙發、廚房要有餐桌。這些規則是不必要的，因為室內設計完全是隨著居住者的需求彈性配置。

放在書櫃上展示的可愛照相機。

211

1

2

Study Room

1 在白色空間內以彩色小物來佈置。
2 讀書房的收納由壁掛式書櫃解決。
3 衣帽間放了一個變成書桌用途的餐桌。

化身為職場的讀書房和衣帽間

　　夫妻兩人都是補習班的講師，所以把家裡的小房間佈置成備課的讀書房。從這個空間可以看出老婆對紅色的喜好，不久前剛掛上的鋁製紅色百葉窗，和教室一定會有的綠色黑板，強烈的顏色對比相當引人注目。女主人對房間覺得厭煩的時候，會更動室內擺設，重量不重的書桌可以自由變換位置。玄關旁邊的小房間原本做為衣帽間使用，有時候也覺得可以當作一間副書房，於是便將廚房的餐桌遷移過來。兩人都是爽快的個性，也是整頓空間的一等高手，衣帽間沒有一個多餘的抽屜櫃，順利地以衣櫥完成所有收納工作。

3

玄關走摩登的黑＆白路線。

用時髦的黑色妝點玄關

　　光看玄關門上的數字「901」，便可以得知這是間有品味的家。他們一度猶豫是否要將玄關門改造成像客廳一樣帶點歲月痕跡，結果卻發現一個很滿意的黑色門面，索性來了一場大改造。漆成黑板色的獨特鞋櫃，讓玄關給人更深刻的印象。貼得密密麻麻的拍立得照片，和客廳牆上的相框擺設有不同的風味。為了不讓來訪者一進門就看到客廳，他們以層架牆稍微做了區隔。事實上層架牆並非他們想要的設計，是木工業者揣摩屋主的喜好製作的。層架牆當作隔間寬度過窄，改為陳列櫃也不太合適，於是這成了他們考慮變更的項目之一。

Dressing Room

Entrance

從玄關門開始就以嶄新的物品做裝飾。

在黑色的玄關門上，
貼上漆了油漆的數字板條來裝飾。

夫妻倆佈置房子想保留最大區塊的空白，使空間看起來不狹小。在房子只完成基本工事後，他們便搬來這裡居住，試圖自己完成裝潢工作。有好點子的時候，便毫不猶豫地給予變化，他們十分享受這個過程。光是廚房下壁櫥的粉刷工作，從石膏漆到清漆，即使刷了五、六遍都覺得有趣。在客廳牆上大膽釘下相框位置的那天，也只覺得興奮無比。無論是借用誰的手來裝修自己的家，住進去後也要居住者自己愛惜和管理。崔惠英和李東奎夫婦一直謹守這份職責，攜手逐步邁向婚姻生活的第三年。

注意裝潢細節
從失敗中學得的
改造祕訣

Tip 1

決定
改造順序

只由一家裝潢業者包攬所有工程的話，一般不會有太大的問題。但是如果浴室磁磚施工或是更換地板打算各自進行的話，就要注意日程的安排。大致上拆除和裝置設備優先，接下來的順序一般會是浴室、木工、粉刷、裱糊等。為了其他工程而把已經施工完成的部分再次拆除，既浪費時間又要多花工錢，因此施工的日程一定要事先確定。

Tip 2

拆除門檻
注意新的
門板高度

最近有一個裝潢趨勢，便是拆除門檻讓房子看起來大一點，但是將門檻打掉的話，就必須再做一個加大的門以符合高度。夫妻倆事先並沒有注意到這個細節，因此門底出現了空隙。這樣的好處是即使關上門也還留有電線進出的空間，缺點則是會受到噪音的干擾。目前只有夫妻倆居住，還不會感到不便，等到家中人口增加了就容易產生問題。

Tip 3

整理凌亂的
電線

他們佈置房子最後悔的一件事，就是沒有好好整理電線。廚房流理台上放的烤箱，在使用時必須接延長線很不方便。因為電視、電腦、廚房家電等產品的電線不是破壞了室內設計的感覺，就是事先沒規畫好，每次使用都要費一番功夫。在工程進行中，可以設置裝飾板條來隱藏電線，或是在放置家電的傢俱背面鑽洞引線，這都是裝潢時必須注意的小細節。

經過臥室通往大房間的走道。

不用羨慕大房子
活用空間
內涵滿分

房屋型態：公寓
坪數：走廊式21坪
格局：客廳、廚房、臥室、家庭娛樂室、浴室、陽台、玄關
設計＆施工＆傢俱製作：Dall＆Style（www.dallstyle.com）
總費用：2千萬韓圜（約51萬新台幣）
（地板工事、電路管線、裱糊工程、廚房工程、固定式傢俱工程、浴室工程、其他）

就像改變住家的電壓一樣，老舊的公寓要怎麼改造，看似可行性極低，一度為之傷神的張由美，最終改變了想法，以有趣的點子佈置出比別人漂亮的房子，我們在她的新婚小窩可以確立什麼是「一點空間都不浪費」的結構。

　　屋齡超過20年的老舊公寓，電壓依舊是過去的110伏特，張由美看到這樣的雜亂公寓，對於要如何翻修才能居住感到茫然，加上結婚前和父母一起生活時，一次裝潢的經驗都沒有，對她來說，室內設計的領域就像一個新的世界般陌生。

　　「施工的時候，要面臨傢俱、壁紙，甚至相框位置等一連串永無止盡的選擇。改變一個空間真的是很難的事情，我對設計師說，因為家很小，一定要盡可能顧慮收納問題；即使裝潢不繁複，也希望屋子裡充滿溫暖的氣息。」

　　原本的公寓沒有客廳，只隔出了三個房間，格局上很有壓迫感，經過改造後才重新成為一間簡潔的新屋。佈置好的屋子就展現在眼前，婚後50幾天，她才開始對這個空間產生感情。下班後即使疲倦，也不忘打掃擦拭，她對自己的表現感到不可思議。老公對家的喜愛雖然沒有說出口，但是看他下班後勤於整理的樣子，感覺這裡已經真的是自己的家了。「地板有磨損嗎？椅子是不是沾到髒污了？」對於生活中的一切盡心盡力，從她的言談中，讓人感覺到他們正沉浸在幸福的新婚生活。

變身為客廳和飯廳的房間

　　這間公寓最初就沒有獨立的客廳，坪數雖小卻隔成很多房間，小之又小的廚房兼作客廳使用。為了打造完整的客廳，他們拆掉廚房對面的拉門，將之佈置成客廳和飯廳。因為空間太小，如果要容納沙發，並在沙發的正前方放一台電視的話，便會無法維持適當的觀看距離，整個空間的活動度也會降低。因此必須跳脫客廳既有的模式，提出符合屋子狀況的解決之道——拋棄客廳一定要大，或者客廳一定要有沙發等刻板印象。他們決定將客廳佈置成氣氛十足，如同咖啡書屋般的角落。

　　他們在客廳製作了固定式的桌子和椅子，椅子的椅背很高，剛好可以當作區分客廳和廚房的隔間，也能帶來優雅的感受，有效遮掩廚房零碎的家務。同時，客廳也是用餐的飯廳，是廚房延伸的一部分。電視放在椅子的對角線，確保最適當的觀看距離。女主人坐在像咖啡館一樣的客廳，既可以工作，也可以看書，外出的念頭消失無蹤。客廳做為家庭的主要活動空間，簡潔又具實用性的設計，正無形地影響著他們的生活。

聰明的廢棄空間活用法

1 在廢棄的空間放一張寬度剛好的書桌，完美地活化原本無用的角落。

2 凹進去的牆面掛上層板可當作書櫃使用，下方的暖氣出風口用漂亮的壓克力板裝飾。

上壁櫥的尾端設置了紅酒收納櫃，加上裝有嵌燈的紅酒杯架，令人聯想到吧台的浪漫氣氛。

明亮色調的地板和白色傢俱，讓空間看起來比實際上寬闊。

20坪住家　擁有「冂」字形廚房

　　女屋主在所有空間中最喜歡的是廚房，婚前她對料理沒什麼興趣，現在因為有了漂亮的廚房，準備晚餐和洗碗變成愉快的日常家務。她甚至還興起了要開發新菜色的念頭，對於這樣的轉變，連她自己都覺得不可思議。

1 利用椅背的高度，自然地區分客廳和廚房空間。
2 寬敞的流理台提供充分的料理空間，讓料理變得更加容易。
3 在牆壁的轉角設置固定電視的置物架，這個點子讓小空間閃閃發光。

近似咖啡館的開放式廚房空間。

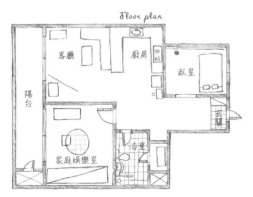

Floor plan

客廳　廚房　臥室

陽台　玄關

家庭娛樂室　浴室

椅子下方的收納空間扮演和
客廳櫃一樣的角色。

↓

　　廚房具有30坪房子才會出現的「ㄈ」字形態，上壁櫥的收納空間充足，下壁櫥則放置小型廚房家電，平台有充分的料理空間。天花板嵌入燈具、掛上紅酒杯架，從客廳望過去，令人聯想到浪漫的吧台。相對地，在廚房做料理的時候，像咖啡館一樣的客廳便會映入眼簾。冰箱旁的電腦區是他們活用剩餘空間佈置的，不管是誰在廚房做料理，兩人都還是位於同一個空間內，他們藉此實現新婚的甜蜜，而老婆也在便利及美觀的廚房中，充分享受持家的樂趣。

223

Bedroom

臥室雖然走白色系，但是木頭凳子和格子
花紋的床飾巾，以及帶有折邊的枕頭等寢
具，讓臥室的氛圍不會過於冰冷。

佈置機能充實的臥室

1 臥室的側拉門不佔空間，在小房子中非常適用。
2 層板的另一端是為女主人設置的梳妝台。
3 床尾和牆壁之間留有擺放雙腳的空位，可以將層板當成書桌使用。

　　如果說能讓人消除緊張、充分休息的地方才叫做家，那麼這當中最重要的空間就是臥室了。做為一個私密空間，只有能徹底安穩休息的臥室，才能給居住的人帶來能量。位於房子玄關旁邊的小房間是他們的臥室，房間的大小不過2.5坪，無法容納市售的床框，只能特別訂製。他們以耐看的無花紋床罩、有折邊的枕套做為臥室亮點，剩下的空間橫架了一塊層板，兼作裝飾和收納。

　　「層板非常好用，坐在床尾可以把它當成書桌，讀著自己喜愛的書；坐在另一邊則可以把層板當作梳妝台使用。如果隨易添購收納櫃或梳妝台的話，臥室空間就不會像現在這麼舒適了。」

　　為了讓空間動線更順暢，他們把一般的推拉門換成側拉門，且在帶有紋路的木質門板裝上古色古香的扣環，讓這個摩登的空間散發思古幽情。

古意盎然的把手和扣環，非常具有裝飾性。

Famly Room

當書房和衣帽間活用的家庭娛樂室

　　屋子裡最大的房間佈置成運用範圍廣的家庭娛樂室,量身訂製壁櫥收納衣物和寢具用品,其餘空間放置書櫃和一張矮桌,並且在地板中心鋪上圓形的綠色地毯,讓空間有突然變寬敞的視覺效果,也為房間增添了舒適感。

　　「在這裡可以毫無負擔地消磨時間,感覺很像另一個客廳;有時會想,以後會不會做為嬰兒房呢?嬰兒用品種類很多,體積也都很龐大,剛好需要大一點的空間,本來想在生孩子後換大一點的房子,但現在又覺得好像不一定非要搬家。」

　　在客廳已經設置了電腦桌和書櫃,這裡可以成為完整的獨立空間,未來的8～9年,她都想在這個幸福小窩裡生活,期待將來因應不同的生活需求,將房間改造成不同的模樣。

2   3

家庭娛樂室的小成員

1 最大的房間預留給小寶寶，現在做為書房和衣帽間，像家中的另一個客廳。
2 綠色地毯鋪在看起來冷清的空間，移動書桌可以當作有收納功能的便利傢俱。
3 如童話故事一般帶有插圖的燈具。

Bathroom

浴室以耐看的木質素材和
同色調的磁磚裝潢。

1

在乾式浴室設置洗衣空間

　　浴室裡另外有一個放置洗衣機的空間，特別的浴室格局讓屋主和室內設計師都感到苦惱。比起改變空間結構，不如將這個放洗衣機的位置隔起來，既可簡潔遮掩雜物，也可改善一般陽台被衣物和洗衣用品佔據的雜亂情況，讓陽台不再是凌亂的多用途室。浴室裡放置洗臉台和馬桶的地方做了排水管，地板可隨時保持乾爽的狀態，冬天也比較溫暖。用淋浴間代替傳統的浴缸，他們佈置了一個不管何時進來都會心情舒暢的浴室。雖然晾衣服時的移動距離稍微長了一點，但他們還是對浴室的格局感到非常滿意。

Veranda

在充滿寂靜感的白色空間望著陽台植物，
可以感受到一股蓬勃的生氣。

　　這間小窩在他們源源不絕的設計靈感中，從一間老舊的房子變成像新屋一樣乾淨，本來效益不高的空間結構，完美地改造成生活機能便利的格局。這樣的變化讓女主人一下班就歸心似箭，在廚房做料理時雖然經常手忙腳亂，卻營造了幸福的時光，即使只在客廳裡坐著，也感到十分愜意。她深切地感受到空間可以帶給人相當大的改變，和心愛的人一起佈置小窩的過程，又有一種令人想像不到的幸福。

人氣滿載的
室內用品店家
與網站

No.1 HANSSEM FLAG SHOP

兼顧多種生活風格,展示多樣居家設計製品的賣場,可以一次採購所有生活必備用品,對忙碌的新婚夫婦來說,採買變得容易許多。女屋主在此處選購了廚房和浴室用品。諮詢專線:02-3430-6900(韓國蠶室店)

No.2 10x10　www.10x10.co.kr

10x10不只有設計文具和辦公用品,傢俱、傢飾、布製品、收納道具等均有販售,不但設計風格獨到,配色精緻的製品也非常多,有助於佈置極具個人特色的空間。

No.3 MUNI B.com　www.muni-b.com

摩登的設計配上低廉的價格,讓人在採購時較無負擔。這裡的商品以書桌和餐桌為主,衣架和多用途層架等複合式傢俱,以及椅子、燈具、時鐘等也有販售。除此之外,這裡也提供木材、壓克力、塑膠等材料的裁切和初級加工服務,消費者可依需要的樣式及厚度購買。女屋主在這裡購買了書桌。

My First
Marital Home
Interior

雖然別墅、公寓、住商混合房等住宅型態不同，裝潢實務上也會有差異，但是30坪對新婚生活算是充裕的空間。在我們採訪的案例中，大部分的30坪小窩都有獨立的書房和衣帽間，各房廳的功能明顯區隔。或配備完美的系統收納櫃，或只以美術貼皮就呈現超出預期的效果，還有的以木工改裝窗戶，掩飾公寓大樓的距離感，充滿個性的風格是30坪小窩的一大特色。如何佈置和管理寬闊的空間，能在多采多姿的30坪小窩中一探究竟。

30

坪型

白色的櫃子和染木頭色的地板
讓色彩鮮艷的傢俱更顯眼。

朴惠然‧白寓宗夫婦的
33坪公寓

源源不絕的
設計靈感
第二間愛的小窩

房屋型態：公寓
坪數：階梯式33坪
格局：客廳、廚房、臥室、書房、小房間、浴室、多用途室、玄關
設計＆施工：Style by Hannah
（blog.naver.com/carmel82）
總費用：2千萬韓圜（約51萬新台幣）
（地板工事、粉刷工程、磁磚工程、窗戶工程、浴室工程、照明工程、貼皮施工、其他）

女屋主朴惠然才華洋溢，花藝和空間陳設均有涉獵，佈置新婚小窩變成她發揮實力的絕佳機會。她以理論知識為基礎，因應施工現場發生的種種狀況，既打造出了完美的新婚小窩，也讓自己在生活空間設計的歷程中更上一層樓。

　　在學習花藝的期間，朴惠然也同時對空間佈置產生了興趣，開始朝設計師的路邁出腳步。搬到第二個新婚小窩時，她希望發揮全部實力，用自己獨特的品味佈置出一間漂亮的房子。因為現有的傢俱和生活物品已經相當完備，只要將這些東西佈置到新房便能完成任務。首先，在她腦海裡浮現的是一個純白色的空間，地板則使用較暗的顏色，其他部分再以圖案及不同的色彩妝點──這是她為新婚小窩所描繪的藍圖。

　　「簽完約後還擔心萬一不喜歡房子怎麼辦，還好最後非常滿意。特別是廚房，似乎還可以再做一些改變。」

　　她看著平時收集的室內設計資料，決定整體設計概念，並從在國外居住的經驗中找尋靈感。雖然不是更動房屋架構或是全面性的大改造，但光是化妝室的磁磚粉刷，或是廚房一半磁磚、一半粉刷的工程，作業時就已經相當不輕鬆。挑戰這些工作，處處隱藏著想像不到的難關。合作業者因為對她的新穎設計感到陌生，不斷發生嚴重的失誤，即使如此，她依舊沉著地解決問題，也在不知不覺中學習到了許多專業知識。

在玄關處見到的房屋內部樣貌。

陽台

陽台

臥室

客廳

書房

浴室

玄關

客用化妝室

多用途室

廚房

浴室

房間

以美麗的顏色搭配出迷人的小空間，和鸚鵡畫搭配的是在大賣場購買的便宜梳妝台，經過油漆之後改造成邊桌。

運用色彩和植物佈置舒適客廳

　　愉快的生活空間會降低居住者的疲勞，這間房子的客廳便達到了如此目的。讓人忘記煩悶的鮮豔沙發、存在感強烈的花束和花盆、率性擺放的畫框等，就連沙發和電視的配置都顧及了視線的平行高度。

　　「很喜歡這張沙發的獨特色感，再加上是用『愛克賽納』（Ecsaine）親環境的素材製作，不僅不會有塵蟎，炎熱的夏天也不會有黏膩感，因此索性將餐桌椅的布套也換了相同的素材。」

　　學習花藝設計的朴惠然，認為能夠欣賞植物擺飾營造出的氣氛，即使多些支出也值得，對她而言，以植物裝飾居家已成為習慣。此外，她也認為植物（plant）和室

鮮花是佈置生活空間時最有韻味的擺設。

234

以翠綠色彩配置的客廳

1 以不干擾電視觀賞為原則來決定傢俱的位置。
2 多功能的折疊桌和空間十分相配,也是嚴選的設計製品。
3 以樹葉輪廓為圖案的窗簾花色單純,配上男主人珍愛的孟加拉橡膠樹以及各種顏色的畫框,構成客廳悠閒的角落。

內設計(interior)組成的「planterior」概念將逐漸成為流行趨勢。

現在只剩下挑選自己喜歡的畫作掛在牆上,客廳室內設計的部分便大功告成。由於她在雜誌舉辦的地板施工特惠活動中獲得了獎項,因此可以用很便宜的價格更換家中地板。即使客廳的裝潢將繼續進行,但光想像成果就讓人心滿意足。

運用色感佈置而成的客廳。
雖然想在窗邊放一張書桌，
但擔心空間變得侷促而打消了念頭。

Kitchen

擺脫平凡的異國風廚房

　　廚房是女主人非常喜歡的空間，也是朋友來訪時久待之處。原先廚房所佔的坪數略
顯狹小，當她看到這般景象，便盤算施工後改頭換面的可能性。她計畫塑造一個特別的
空間，重點集中於廚房的壁面，不留一點典型公寓式廚房的痕跡。

　　「我常覺得納悶：為什麼公寓的廚房都長得一樣？後來發現好像是上壁櫥的問題。
我討厭這種既定的樣式，於是便把上壁櫥拆掉，並將其中一部分放在洗衣室當收納櫃，
做很好的再利用。」

1 位於房子內側的寬敞廚房，是這個家最主要的活動空間，可以同時感受到淡藍色給予的清涼感和木質傢俱帶來的溫暖氛圍。

2 廚房經過改造後，原本沒地方擺放的微波爐、米桶、小型家電等生活用品，現在全都可以集中到一區放置。

　　基於實用性，他們在拆掉上壁櫥後，空白壁面的下半部貼上磁磚，上半部則漆油漆，這個獨特的點子足以打破廚房裝潢的既有模式。

　　後來施工出了狀況，他們一度猶豫該不該向油漆業者議論，但是一般裝潢業者的善後工作都未竟理想，最後還是由她自己來收尾。

　　近日新開的咖啡館很多採用磁磚隧道工法（磁磚上下排交錯緊密貼靠的方法），夫妻倆的裝潢靈感也取材於此。由於他們很喜歡這種不留間隙的貼法，因此廚房也就如法炮製。雖然釘層板時曾發生磁磚破裂的意外，但是完工後的廚房越看越覺得魅力滿分。

以木質的餐桌和間接照明，
打造像咖啡館一樣的廚房。

多用途室的窗和門在翻修後讓廚房採光更好，改為向外開啟的門，也讓內部可使用的空間更大。

原本陽光照不進來的長扁窗，改裝之後雖然位置不大，但窗台變成可以擺放小東西的地方。

從舊家的書房將書桌移過來當作餐桌使用，以赤松木依最大尺寸打造而成的餐桌，給廚房帶來原木傢俱特有的溫馨和穩重。

對於採光相當要求的女主人，廚房昏暗的光線讓她很不滿意，光線充足的多用途室和廚房之間只有一道長扁型的單扇窗，光線無法照進廚房，因此顯得昏暗又沉悶。雖然他們很想把牆拆除，但因為耐力壁存在結構性問題，於是只好改變作法，將房門板的中間部分挖空，裝上玻璃，又拆掉整個長扁窗的窗框安裝玻璃，才使得廚房採光變佳。

打掉上壁櫥後設置了堅固的置物架，如同屋主俐落的性格一般，各種顏色的餐具整齊地擺放。

Bedroom

臥室配置女主人親自設計的壁櫥和
大型床台,施工後的窗戶在午後時
分可以感受到充足的陽光。

利用落地窗讓臥室更明亮

　　簡潔的白色壁櫥和棕色系的床舖,臥室沒有任何多餘的傢俱,
是個單純卻能讓人消除緊張感的舒適空間。

　　「臥室原來的窗戶很不理想,褐色的窗框加上條紋狀的不透明
玻璃,陽光照不進來。因為我對採光部分很敏感,所以換了窗框
的顏色和玻璃。」

　　在明亮的臥室中,比床墊還要寬的獨特床框很吸引人的目光,
好像在露天台座上放了一張床墊。過去長輩們習慣在只鋪棉被的
平板型床舖睡覺,她則是在平板床框上放置床墊,露出的床台就
當作邊桌使用,也可以隨心所欲地擺放盆栽或當長板凳暫坐。這
個臥室雖然不是坐蓆式的風格,卻增添了不少東洋風味。

像露天平台一般的床台,露出
來的部分擔任邊桌的角色。

242

1 以「黑＆白」的概念
打造客用浴室，和梳妝
台構成客用化妝室。
2 讓女主人顏費心思的
臥房浴室，粉刷舒服的
顏色打造成乾式浴室。

隨時保持乾爽的浴室

　　相較於大規模施工，房子大部分的空間都採用微改裝來佈置，然而女主人對於浴室卻特別想加以裝修。由於另外設有客用化妝室，因此主浴室顯得相當狹小，於是他們決定進行工程。客用浴室以「黑＆白」的概念加以改造，沒有過多的設計需求，給人乾淨俐落的印象。臥房裡的浴室只有洗臉台和馬桶，鵝黃色的壁面讓人眼睛一亮。

　　「我們決定粉刷浴室，也找了很多圖片來參考，浴室採用粉刷的方式是國外的主流。因為討厭暗沉的顏色，想要選擇明亮的色調，在淡綠色和鵝黃色之間猶豫了一下，最後決定選擇溫暖的黃色。」

　　臥房內浴室提高地板高度，變成乾式的浴室，因為不喜歡浴室濕答答的樣子，加上夫妻倆曾在國外生活，較熟悉乾式浴室，決定如此裝潢。

　　洗臉台前擺放物品的座台，貼上客廳浴室剩下來的磁磚做裝飾，這是女主人靈機一動想出來的點子。然而浴室這個小空間看起來依舊有些單調，她正在苦思對策進行佈置和改良。

Study Room

想整天待著的書房

　　沒有陽光的陰暗舊書房，讓朴惠然連走都不想走進
去。後來經過重新改造，新書房一整天都陽光普照，是
可以待一整個下午的舒適空間。

　　「原本房門旁有一個壁櫥，拆掉之後讓空間變大了。
壁櫥本來想直接丟掉，但後來發現裡面的收納結構還不
錯，就放到陽台壁櫥的內部去，算是再利用吧！」

　　整理好的書房空間放進一張書桌，小倆口可以相對而
坐。為書房牆壁量身訂做的書櫃藏著一個小祕密，當初
在舊家製作書櫃時，連結的部分並沒有用螺絲固定，而
是設計成可以裁切或分離組裝的書櫃。搬家後他們依照
牆壁的長度修短了一個手掌的寬度，便能夠符合現有書
房的壁寬。層板的高度也可以配合書的大小調整，寬度
則以視線舒適的60公分為間隔來組裝，女屋主謹慎細心
的態度令人感到驚訝和佩服。

回收再利用的裝潢，
書房完美變身

1 夫妻兩人可以相對而坐，共享美好時光。
2 結婚初期製作長度可調整的書櫃，裁切約一
個手掌的距離後，便符合新書房的牆壁長度。
3 開放型書櫃不只可以收納書，陳列裝飾品也
很合適。
4 即使沒有裱框或不是名貴的畫作，單用裸畫
來佈置牆面也可以成為藝術。
5 拆掉書房門邊的壁櫥消除了壓迫感。

擴建到陽台的書房，像一個可以工作又可以
休息的祕密基地。在靠墊前放置小抱枕用以
支撐腰部，從這個小抱枕上的圖案和顏色都
可以發現屋主的品味。

　　參觀他們的家就像來到了造型咖啡屋，傢俱、小物、餐具等每一樣擺
設都讓訪客們感到好奇，反應十分熱烈，對於朴惠然的品味更是讚不絕
口。第二間新婚小窩必須好好利用原先的傢俱加以佈置，與此同時，她
也邁出了室內設計師的第一步，不再只是理論上的學習，而是有機會在
現場監督所有施工過程。無論是以女屋主或是專業設計師的身份監工，
她都可以學到很多新的知識。創意折衷考量現實情況，不但降低了費
用，結果也更加出色，呈現令人驚豔的風格。精明的新娘再三強調：室
內設計即使再完美，之後若沒有好好打理整頓，很快就功虧一簣，所以
生活習慣非常重要。朴惠然在生活設計領域的發展相當值得期待，相信
必能大放異彩。

傢俱再利用
不花錢的
裝潢妙計

idea 1

挑效果顯著
的部分施工

廚房、浴室、地板和牆面等是最能看見施工成果的地方，房子佈置前後的模樣非常不同。臥室原先的褐色窗框和長條紋不透光玻璃造成光線昏暗，朴惠然只是用白色油漆漆了窗框，並換裝透明玻璃，臥室就變得既明亮又整潔。既然已經選擇花錢裝修房子，就要確定能夠產生明顯的效果才值得施工。

idea 2

物品二度
活用

廚房的上壁櫥拆除後，有一部分移到洗衣室使用；剩下的磁磚拿來做臥室浴室的亮點裝飾，這些都是她在施工過程中不斷想出的新點子。拆掉或丟掉的東西也是花錢買來的，將原本要丟棄的材料再次活用的話，不但可以塑造空間的整體感，還能達到裝飾的效果。用壁貼改裝廢棄的門板或傢俱，可以使其煥然一新，費用低效果佳。

idea 3

不買不必要
的傢俱

客廳的沙發和桌子似乎是公認的必備傢俱，但屋主卻覺得客廳桌不是必需品，並沒有急於購買。直到最近她才在有名的廚房傢俱ENEX賣場，買入一個北歐風格的折疊式小桌子，寬度剛好可以放置筆記型電腦，吃簡餐時也能充當餐桌，不佔空間又移動方便，便利性高很適合做為客廳桌。

輪廓清晰鮮明的布面沙發、木質框鏡、
木質傢俱及植物擺設，為空間增添了自然感。

自由多變的
室內風格
設計師的別緻小窩

房屋型態：公寓
坪數：階梯式32坪
格局：客廳、廚房、臥室、書房＆衣帽間、工作室、浴室、多用途室、玄關
總費用：1千萬韓圜（約26萬新台幣）
（地板工事、粉刷工程、窗戶工程、其他）

緊迫的施工日程，對十分努力的設計師崔潤美來說是一項不容易的課題。一邊要將新婚小窩佈置得毫不遜色，一邊要兼顧位於屋內的工作室改裝。挑選功能性的傢俱以及符合品味的飾品佈置理想中的家，全都只在一週內完成，兩人的新婚小窩就這樣如期誕生。

　　對設計師崔潤美而言，擁有完全屬於自己的空間，整個歷程混雜著悸動與不安，是一種難以言喻的心情。她現在活躍於傢俱公司的設計工作，也包攬陳列設計的業務。雖然很久以前她便為了雜誌拍攝獨自在小公寓生活，但現在是要和心愛的人一起挑選房子、掌握設計概念、著手佈置新房，每個階段都需要謹慎對待。和她結緣的這間房子位處正南向，採光直到傍晚都很充足，不僅室內動線順暢，格局也令人感到舒適。決定搬家日期後，佈置房子的時間只剩下一星期，執行上分秒必爭。從漆油漆、地板加鋪新板材等，時間一天天流逝，對她來說是段緊張又難忘的回憶。因為掌握了室內設計的要領，即使沒花大筆金錢施工，沒有買昂貴的傢俱，她依舊打造出具有設計感的新婚小窩。終於，這間先前被孩子們胡亂塗鴉，又以俗氣櫻桃木飾板條圍繞的房子，搖身變成可以享受新婚生活的清爽空間，同時做為女主人的工作室也毫不遜色。設計師崔潤美發揮了專業才能，僅花了一週的時間，就完成適於居住的新房，令人感到不可思議。

Living Room

利用法式門&傢俱位置佈置客廳

女主人不想以新婚為由，大張旗鼓地佈置新房，尤其客廳是居家生活的重心，不能變成一、兩個月就感到煩膩的空間，她認為客廳應該要舒適且具實用性。首先，她從窗戶開始著手，通常客廳的窗戶都和前棟公寓的正門相對，他們沒有把客廳和陽台打通，而是裝上了一道法式門（大部分是玻璃而且可以全面側開的拉門），給整個空間帶來優雅的感覺。

「木造工程雖然要花很多錢，也要耗費不少時間，但房子整體的感覺很重要，在有大片落地窗的客廳設置一道架構簡單的側拉門，可以減少公寓大樓的冷漠感。」

採光極佳的客廳以各種傢俱整齊地佈置。

只有鞋櫃的玄關以自然色系小物打造舒適氛圍。

吸引目光的白色品項
1 女主人常常利用客廳的書桌工作或喝茶。
2 位於公寓內的法式門帶來獨棟住宅的感覺，運用得十分恰當。

　　為了讓客廳看起來涼爽寬大，牆壁、地板和天花板統一選用白色裝潢。牆壁是寬版的橫木板牆，地板是散發自然風味的白色強化橡木地板，單調的背景空間就以變換傢俱位置，以及更換沙發椅套或抱枕來給予變化，白色可以扮演一張突顯變化效果的圖畫紙。放置小傢俱加上些微裝飾可以讓新婚小窩氣氛更甜美，陳列精緻飾品的梯型層架、可以伸縮的咖啡桌、電腦桌等是空間的主角。具有浪漫氣息的燭台、華麗的人造花則是她平日喜歡的小物，帶有季節感的人造花適合取代整理不便的鮮花做為裝飾。她沒有使用任何花紋壁紙或粉紅色的元素，便完成了充滿甜蜜氣息、只屬於兩人的客廳。

在崔潤美的家中人造花被大量使用，忙碌時不費心照料也能十分醒目。

統一壁櫥顏色　以愛爾蘭餐桌收納家電的廚房

　　和客廳相對的廚房，優點是有充足的收納空間。雖然「ㄈ」字形的構造會讓餐桌多出一截，他們一度考慮將之拆除，然而想到採買物品回家後，可以利用這段桌面做整理，或是用來準備料理

因為喜歡燭台，各種設計樣式及尺寸的製品都略有收藏。

餐桌後方收納小型家電，用看不見內容物的籃子來收納雜亂的物品。

1 維持廚房原先的「ㄈ」字形態，裝潢時只換了下壁櫥門板的顏色。
2 餐桌桌面以組合式支架向外延伸，用餐時便於擺放雙腳，延伸的桌面是可拆式的設計。

1

Kitchen

2

食材，生活便利性讓他們決定保留桌面的完整。

　　廚房進行改造的地方只有下壁櫥，她親自將不討喜的楓樹色漆成和上壁櫥一樣的白色，雖然曾考慮過更換門板可能比較好，但上漆的價格不但低廉許多，也能獲得相同的效果。如果選用親環境的塗料，就不必擔心油漆的味道太刺鼻，相較於此，該如何有效收納小型家電製品才是令她頭痛的問題。

　　「像冰箱那樣的大家電一放進來，小家電的擺放就變成棘手的問題。如果放在流理台上的話，不僅做事不方便，看起來也顯得凌亂，所以我們製作了一個具收納功能的愛爾蘭餐桌。」

餐桌桌面的一端基於用餐便利，掛了一塊像翅膀一樣的層板，這部分拆下來後，餐桌便可以簡單地貼靠在牆面，她連生活中會發生的各種狀況都顧慮到了，細心的程度令人讚賞。

白色臥室空間　復古傢俱絕妙配置

喜歡上復古傢俱帶來的沉靜感，她顛覆白色傢俱比較適合新房的刻板印象。參觀過他們的寢室後，立刻就會抹去復古傢俱既沉重又黯淡的成見。做為梳妝台同時收納衣物的抽屜櫃、放在床旁邊像是邊桌般的櫃子、具有收納及裝飾功能的梯型層架，都是臥室裡的復古品項。

「因為窗戶和壁紙全都是白色，需要可以搭配的復古傢俱，我們選擇設計簡單、有實際用途的傢俱，而不是以裝飾美觀為主。而且傢俱的數量以最少化為原則，我們努力使狹小的臥室看起來不會有壓迫感。」

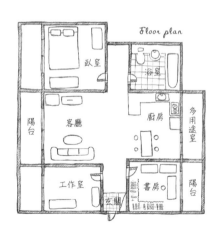

銀色框架的畫框和巧克力色的檯燈
是打造高貴感的好選擇。

床邊的傢俱上方打造一個像展覽區的角落。

具有實用性的復古風格傢俱

1 夢想中的復古傢俱——收納櫃兼梳妝台。
簡單俐落的設計，放在年輕夫婦的房間裡也
很適合。
2 深色的瓶子用植物葉子裝飾後帶來生氣。
3 梳妝台一角展示的復古飾品架和燭台。

　　想要擁有復古風的空間，這樣的憧憬總算實現了。依她的想法製作的床具是打造風格的一等功臣，將兩個床墊疊在一起放置，床不僅較穩固，還會因高度變高而和復古傢俱更協調，增添古典的氛圍。床墊為了配合房間大小訂製加寬的尺寸，上層鋪有乳膠枕巾，睡起來更加舒適，配上粉彩色的窗簾和床單讓家顯得華麗又柔和。

有效利用空間
佈置書房、衣帽間和工作室

　　新婚夫婦居住的公寓有三個房間，總共32坪，是不算小的面積。身為設計師的崔潤美，工作上有很多種類、數量龐大的材料道具需要收納，在不另外設置壁櫥的前提下，空間的分配與安排非常重要。小房間佈置成書房、衣帽間各佔一半的結構，靠近窗邊的角落是書房，對角線的角落設置系統衣櫥收納衣物。書房的書櫃走低調的設計，整理擺放各種雜誌、畫刊及外文書籍。書櫃旁放置可以隨意變化模式的組件傢俱，既可以改變排列順序，也可以分開單獨使用；想要營造不同的空間氣氛時，組件傢俱是可以活用的角色。生活用品的數量總是持續增加，崔潤美認為將來孩子誕生後，即使生活模式改變，也可以用這樣的基礎組件代替購買新傢俱。

　　除此之外的另一個小房間，則以攝影必備的小傢俱和小物佈置成工作間，這個地方可以沒有負擔地上油漆、裱糊景片當作攝影空間，也可以成為簡單的DIY工作室。為了拍攝而製作的景片，平時可以移到陽台自然地遮掩堆積如山的雜物，

Study Room

利用房間一角打造迷你書房

1 衣帽間同時做為書房，在採光極佳的窗邊配置書桌。
2 書櫃旁的箱型組件傢俱，可以分離使用、改變排列方式，
或漆上不同顏色的油漆做變化。

拿來當作隔間也很方便。

　熟悉裝潢及佈置的崔潤美，佈置自己的新婚小窩也是迅速地完成。由於施工期限很短，偶有不足的地方出現時，她也只是釋懷地一笑，至少家裡現在看起來清爽又簡潔。過去一直很感興趣的復古風格，這次也大膽嘗試了一部分，現在只剩下好好地做新婚的美夢。有時她的家會變成鬧烘烘的攝影場地，這樣的新婚小窩之後會變成什麼面貌，令人十分期待。

如同室內設計商家般的牆面佈置

1 工作道具不使用的時候，就像佈置商店展示窗一樣，看起來整齊美觀。
2 鐵製的樹幹可以用未裱框的照片佈置，一舉兩得。

掛上小小的藝術品做裝飾，也可以簡單解決收納問題。

簡單線條設計的枝形吊燈，不會給人壓迫感。

100%購物成功的
室內設計商店

No. 1

Dino DECO

販售白色傢俱和自然風傢俱等，自行設計的傢俱從印尼製作進口。主要的原木素材是桃花心木，並且採可以安心使用的親環境塗料。除了傢俱之外，還可以購買其他裝飾小物或訂製布品。韓國諮詢專線：02-542-0579。

No. 2

Casamia Outlet

以前要買飾品小物的時候，都會去南大門或高速巴士轉運站的商家，價格雖然比想像中便宜，但代價是要花時間在良莠不齊的品質中做挑選。最近找到品質不錯、又可以用優惠價格購買的商場Casamia Outlet。韓國諮詢專線031-712-4231（五浦店）。

No. 3

Olive Kiss

位於高速巴士轉運站三樓，是購買人造花時必去的室內設計雜貨商家。這裡的人造花不僅逼真，品質也非常好。除此之外，還有因應季節的布製小物、鐵製小物等，種類繁多，可以一次購足所需物品。韓國諮詢專線：02-593-1538。

No. 4

A.MONO

在重現歷史風華的懷舊風格中，融入現代摩登感的懷舊製品非常多。以室內設計小物為主，亦提供傢俱及燈具的設計製作，實體賣場位於新沙洞林蔭道。韓國諮詢專線：0505-558-0805。

風靡一時的鐵藝裝飾化身為壁貼，
簡單地改造玄關門。

安荷娜‧崔英在夫婦的
37坪住商混合住宅

換上華麗新裝
混搭黑色&白色
的時尚空間

房屋型態：住商混合房
坪數：37坪
格局：客廳、廚房、臥室、書房、浴室、玄關
居家裝潢：和空間相遇的方法（blog.naver.com/secret1519）
總費用：約950萬韓圜（約24萬新台幣）〔裱糊工程、全部傢俱（梳妝台、沙發除外）、照明工程、貼皮&布製品&小物、人工裝潢費〕

如果可以明確知道自己喜歡的事物，佈置房子會變得容易許多。喜歡華麗風格的安荷娜依循自己的喜好，收集室內設計單品搭配組合。她將自己的偏好盡情反映在新婚小窩的佈置上，表現出卓越的效果。

大多數的房子都是為了家庭成員所構築的，但對某些人而言，房子也可以是只傾向自己的特別空間。對安荷娜來說，充分運用個人喜好佈置的新婚小窩屬於後者。

夫妻倆平日各自生活，新房以老婆為主進行裝潢，但女主人身為高人氣英文講師，日子過得相當忙碌，待在家中的時間也很短。她抽出時間思考裝潢這件事，認為不能只顧慮到空間效率和實用性，應該還要有能讓自己感到開心的華麗傢俱或飾品。除了先前使用的木頭色書櫃和梳妝台，他們沒有其他的家當，負責裝潢的設計師幾乎是從無到有地進行創造，為空間注入無比的生命力。

雖然屋子的坪數不小，但扣掉公有面積，只剩下格局不方正的客廳和廚房、兩個差不多大小的房間，以及一個很小的浴室。所幸居住的人口簡單，房屋既有的結構已經很充足，只要掌握屋子的優缺點來佈置，就可以打造出風格獨具的空間。沒有大規模的施工動土，短短不超過十日的期間，荒涼的住商混合公寓成為了屬於他們的城堡。

豪華小物群聚

1 用富有光澤的素材適當地帶給空間華麗感。

2 亮片、帶有光澤的布料等佈置在黑色的空間裡十分合適。

Living Room

置物架的尺寸和書相仿，
書剛好能遮住底板，
看起來就像浮在半空中，非常有趣。

化身素材展示空間的客廳

女主人很想擁有一個華麗的家，希望屋子能夠非常明亮，這兩個條件套上室內設計的思考模式，很多人會選擇白色當作主角，但在這間房子裡，黑色才是關鍵。

「黑色呈現的不只是黑暗，同一種顏色出現在不同的風格中會有不同的效果，黑色也可以是華麗的顏色。」

客廳以母親贈送的米色沙發為基本配置，再運用大面積的壁紙、百葉窗、地毯等顏色相配的小物做細部陳列。在以黑色佈置的空間裡，設計獨特又精巧的擺設品能夠降低沉重感。她積極活用自己喜歡的素材，像是亮片、蕾絲等散發女性貴氣的材料來製作抱枕，比起其他小物，抱枕特別獲得她的喜愛。

壁紙的圖案彷彿被風吹拂的薄紗，
為客廳的裝潢增添了力道。

書房和臥室之間的牆壁
裱糊帶有故事性的壁紙。

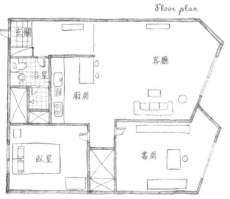

Floor plan

玄關
浴室
廚房
客廳
臥室
書房

263

沉重、有份量的傢俱搭配特別的小飾品，
強弱調和交融於客廳。

1 電視櫃使用的組合傢俱可個別分離，配置成不同形狀使用。
2 利用方塊置物架、手握成拳狀的花瓶、鹿角模型等特別的小物裝飾客廳。
3 類似的畫作以大小不同的畫框前後配置，陳列效果十足。

木製的黑色百葉窗，可以調節客廳的採光。

和客廳相對的廚房，是以壁貼、傢俱、壁掛等多樣黑色品項綜合而成的空間。

不用羨慕高級西餐廳的餐桌擺設。

裝設長短不一的花紋雕飾吊燈
來佈置用餐空間。

Kitchen

散發白色和黑色的時髦
魅力，是最高境界的顏
色配置。

充分發揮壁貼效果的廚房

　　位於客廳對面的廚房，利用平凡的白色傢俱佈置，由於女主人幾乎不
下廚，廚房變成展示風格的焦點，可以盡情地嘗試各種可能。

　　廚房以一句話來總結，就是展現壁貼的氣派，黑色和特殊圖案的混搭
具有超乎想像的效果。長久以來，高人氣又便宜的壁貼是室內設計的絕
佳材料，能讓空間別有一番韻致。上壁櫥的壁貼選擇帶有復古感的圖
案，透過網路商店依門板大小量身訂做。由於屋主非常忙碌，沒有時間
逛實體賣場，在房子裝潢期間，她充分運用網路商店選購，除了壁貼之
外，作工細膩的美麗燈罩也選購自網路商店。

1 和上壁櫥的大小、長度相符，製作精確的壁貼。
2 壁掛的設計是茂盛的樹林和悠遊的鹿群，看起來就像一幅畫，具有裝飾的效果。

　　視線不自覺地被暗藏玄機的牆面吸引，原先的牆面因為沾上了油污和飲食的殘渣，需要利用裝飾物來遮蓋髒污的部分。由於屋主不想另外貼壁紙，於是利用了這個有著和毛毯、不織布相同觸感的布簾壁掛。壁掛不只是遮蓋牆壁的缺點，還能讓空間看起來不單調，茂密的森林圖案就像是一幅畫，可以達到裝飾的效果。除此之外，廚房到處都可以看見黑色的生活用品，不只是搭配愛爾蘭餐桌的造型椅，連餐墊也是黑色的，可以找到相同顏色的各種品項是一件令人開心的事。

臥室以黑色紗帳增添古典感

　　原本的臥室被佈置成書房，她將臥室移到走道旁較昏暗的房間，起初構想的是一個可愛的白色臥室，和設計師討論後，決定以白色為主、黑色為點綴。利用白色壁紙打造的空間，以大尺寸的床框和梳妝台為中心，再以黑色紗帳強調華麗感。打造室內設計風格最難的地方，在於整體性的協調，挑選一個美麗的單品很容易，但是要綜合所有的傢俱和生活用品，完成一致性的風格卻不是件簡單的工作。和黑色床框搭配的象牙色床頭、帶有簡單黑色線條的白色寢具、光澤感黑色布罩裝飾的壁燈等——她的臥室始終堅守最初定下的風格概念。

壁燈以鑲滿假鑽的布料覆蓋，
變身為和華麗臥室相當搭配的
燈具。

白色寢具上縫製了一條亮片帶，
在視覺方面製造了亮點，
佈置出洗練的風格。

紗帳綑綁的方式不同，
打造出的感覺就會跟著不同。

Bedroom

用女主人平日喜歡的素材、單品互相搭配打造臥室。

「訂做寢具非常貴，尋找適合臥室的成品來搭配比較划算。」

臥室的改造始終存在一處不完美，那便是床頭上方面向走道的
窗戶，他們只能以紗帳稍加覆蓋，在玻璃貼上黑色貼皮，才減少
了些許遺憾。

269

Study Room

書房不只是具有機能性的空間，
也能同時帶來視覺上的享受。

以鳥為主題的檯燈，在「黑&白」的空間內成為突出的裝飾。

書房的書櫃以金屬素材和大膽的斜線設計，發揮最大的裝飾效果。

顏色反轉的白色書房

好像進了傢俱賣場一般，書房讓人興起這般錯覺。陶醉於充滿黑色魅力的房子中，走進書房卻給人「反轉」的感覺。這間書房原先是臥室，格局並不方正，因此傢俱的配置也很棘手。雖然存在這項缺點，但他們以設計傑出的傢俱為主，採數量最少化的原則簡單佈置，利用三個傢俱品項彼此補足——摩登的白色造型書櫃、桌子、馬賽克圖案的地毯。「黑&白」的棋盤圖案地毯，可以調和白色傢俱的單薄感，給予空間一點份量；灑進室內的陽光照在白色傢俱上，則為空間明亮度的完成助了一臂之力。書房實現了女主人喜歡明亮空間的願望，同時也打造出時尚感。

垂下一張線縷簾子，玄關便能成為一個具有機能性的空間。

創造獨立小空間的玄關

一開門就窺見屋內全貌令人備感負擔，然而這樣的煩惱以一張線縷簾子就可以簡單解決，不必施工就有「前室」的效果。玄關不再只是走進屋內的通道，同時也是一個獨立空間，擁有完全不同的氛圍。她在這裡擺放了不亞於其他空間的獨特傢俱——邊桌與掛在牆上的鏡子以精緻的設計強調存在感。裝飾效果最大化的風格，證明了這間屋子是為女主人特別存在的空間。

271

itrance

Bathroom

1 這面牆的實用性雖然不高，卻讓整間房子給人華麗和高貴的印象。
2 容易沾染水漬而灰濛濛的淋浴間，適合以壁貼裝飾。

　　獨特的牆壁裝飾非常吸睛，會讓人不自覺地忽略玄關旁的浴室。屋主外出時經過貼著壁貼的玄關門，心情也會跟著輕快起來，無論是誰來到這裡，都會很自然地對她的新婚小窩產生好奇心。

　　黑色是洗練的象徵，這間愛的小窩被黑色傢俱和感性圖案圍繞，和女主人夢想中的家十分接近。生活環境充滿了自己喜歡的物品，就像孩子雙手提滿甜食一樣心滿意足。回到自己的專屬空間，在外累積的疲憊頓時得以消除，對安荷娜而言，即使停留在家中的時間很短，但每分每秒都彌足珍貴。

My First
Marital Home
Interior

感覺滿分的
傢飾網站

No.1

STICON　www.sticon.co.kr

STICON販賣國內外插畫家、室內設計、商業設計、網頁設計等專業團體設計的壁貼，分為自然風、摩登、復古、兒童等類別。其中以貼在天花板、燈具、傢俱周緣或門板等的天棚壁貼最具特色。夫妻大部分的壁貼都在這個網站訂製。

No.2

SANGSANG：HOO　www.sangsanghoo.com

室內設計相關小物的設計、製作和販賣。他們在這裡購買了遮蓋廚房牆面的壁掛，以及客廳方塊形的置物架。店家的代理製品以布製藝術品為主，另有圖形壁貼、佈置展覽空間的畫框、壁畫式壁紙、立體壁貼等多樣選擇。

No.3

by jimi　www.byjimi.com

挑選佈置房子的布製品時，一定要來這家網路商店逛逛，夫妻倆便是在此購入客廳的亮片抱枕。這裡還有搭配季節或空間的風格寢具用品、窗簾、抱枕、地毯等，可以直接選購成品或特別訂製。在這裡也可以找到燈具、壁面藝術製品，或是面紙盒、廚房隔熱手套等生活小物。

No.4

BENS　www.bens.co.kr

在年輕世代夫婦間獲得好評的傢俱品牌，創新的摩登設計是其特色，具有強烈視覺效果的高級傢俱，足以滿足追求設計型傢俱的消費者。這裡的傢俱品質高、價格親民，且有玻璃、鋼鐵、木料等多樣素材可供選擇。這間新婚小窩書房中的書櫃就是BENS的製品。

前室空間打造田園式氛圍，
賦予小窩優雅的情調。

金惠倡‧金宗建夫婦的
33坪公寓

獨特傢俱擺飾
營造感性氛圍

房屋型態：公寓
坪數：階梯式33坪
格局：客廳、廚房、臥室、休息室、客房、浴室、多用途室、玄關
總費用：330萬韓圜（約8萬新台幣）
（玄關工程、傢俱、小物、布製品）
部落格：blog.naver.com/barabbas84

在30坪的寬敞房子中開始新婚生活的金惠倡和金宗建夫婦，幸運地購入符合所需的新公寓，可以充分發揮裝潢的點子，佈置出洗練的空間。屋裡大量運用磁磚、彩色玻璃、高光澤物品等冷調性素材，卻又蘊藏著溫暖的感覺。

　　對新婚夫婦而言，準備結婚期間買房子是其中一件困難的事。不僅要考慮預算問題、距離公司的遠近，還要衡量房屋的格局是否如己所願。直至買到滿意的房子為止，結婚三年的金惠倡和金宗建夫婦也和其他夫妻一樣，過程中常常因為其中一、二樣條件不符就選擇放棄。

　　「由於房子位於一樓，本來沒有太大的期待，看過之後，覺得就是這間房子了。之後雖然又去看了幾間更好的房子，卻怎麼樣也不喜歡，最神奇的是，我們夫妻倆的看法相當一致。」

　　新公寓非常乾淨，樓高比其他層多了40公分，不陰暗也沒有被束縛的感覺。以30坪來說，屋內的結構很寬敞，地板和牆面使用的裱糊材料也都很高級，他們對既有的裝潢相當滿意。夫妻倆從高中時期開始談戀愛，十年的甜蜜戀情以結婚畫下了逗點，接著用夫妻的身分展開新的人生。一起選購的新房便在夫妻同心的情況下順利地做了決定。

　　除了將新房的玄關門向外推移，讓前室的空間變得開闊外，屋子內便沒有需要施工改造的地方，只要在傢俱和擺飾品上花點心思，便可輕鬆完成佈置。他們並沒有貪心地想一開始就完美達陣，而是決定一步步慢慢完成小窩的裝飾。

「由於住家較偏遠，附近沒有符合需求的傢俱賣場，所以我們先買了床，剩下的物品再到大賣場或網路商店購買。幸好只有我們兩個人一起生活，空間夠大，也沒有什麼必須得買的家用品，佈置起來比較沒有壓力。」

老婆笑著說：老公最喜歡宅配，商品一送來，他就負責開箱、歸位。每個週末都進行大掃除的妻子，和擅長料理負責下廚的丈夫，兩人的新婚正邁向全盛時期。

客廳在冷調性的白色中加入木頭的溫暖

客廳裡高天花板、白色磁磚和藝術牆全都完備，最重要的就是買適合的傢俱來佈置。一開始他們訂購了白色的皮沙發，但是怕不容易保持整潔，於是換成了布沙發。木框支撐的白色傢俱感覺特別溫暖，簡約的設計和原先的裝潢素材完美地搭配。

從廚房的料理空間，可以一眼看到客廳的藝術牆。

傢俱和牆面之間保留一些距離，彰顯藝術品的特色。

Floor plan

浴室　廚房　玄關

臥室　客廳　客房　休息室

Living Room

　　「有顏色的布沙發時間久了可能會褪色，白色的布套只要卸下來清洗就可以維持潔淨，管理上更方便。可能是新婚的緣故，總是容易被白色吸引，孩子誕生後情況會有所改變吧？」

　　女主人在打掃時常常會改變傢俱的位置，雖然電視因線路關係不能隨意更動，但光是變動其他傢俱的配置，就能給空間帶來不同的效果，特別是這組沙發的背面很漂亮，所以不管朝那個方向擺放都很合適。

在大空間裡運用沙發擺放的位置，
引導夫妻自然地進行對話。

具有度假氛圍的客廳

1 女主人殷勤地調整傢俱位置，並活用擺設品佈置客廳。
2 從每個角度看起來都不錯的沙發，具有可以任意配置的優點。

　　傢俱的位置不同，空間看起來也會不同，對心情的轉換也有幫助。特別是傢俱不靠著牆面擺放，如此一來要打掃角落時也比較容易，還能確保不影響通道的動線。挑選設計傑出的傢俱，會擁有較為多樣的配置方法。四季都可以使用的毛毯，在客廳也發揮了很好的作用。

　　「因為地板是磁磚材質，所以我們鋪了毛毯，冬天會換成棕色的，不管是地毯還是毛毯，很多人會顧忌打掃問題，但只要不是太大，其實清洗和管理都很容易。」

　　不久前他們還買進了雜誌架，讓客廳產生小小的變化，增加大面積木製傢俱的同時，也成就了自然感的白色空間。

1 獨特懷舊設計的雜誌架，讓人如同位於圖書館一般。
2 線條優美的客廳桌，有時成為小倆口用餐的地方。

和鮮花一樣美麗又方便管理的人造花，是營造華麗和活潑氛圍的最佳單品。

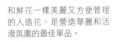

讓料理時光變愉快的系統廚房

　　不論是否擅長料理，很多人都對廚房抱持浪漫幻想，一位即將展開新生活的新娘更是如此。女主人對廚藝非常有興趣，在挑選房子時，廚房總是她觀察得最仔細的空間。第一次來到這間房子，就覺得廚房的結構很神奇，廚具和愛爾蘭餐桌成延伸出去的長直角，連結到前方的大桌子，讓廚房看起來像客廳一樣大。

完美無缺的夢幻廚房

1「白&黑」系統廚房動線流暢，收納空間也相當寬敞。
2簡約的愛爾蘭餐桌以自然素材的小物裝飾。
3內建的廚房家電以及利用天花板高度製作的上壁櫥。

　　設計者彷彿感受到新婚生活的精彩，屋內安排的收納空間也十分充裕。由於天花板挑高，他們訂做了延伸到天花板的收納櫃，是需要站上階梯才搆得到的高度。廚房的佈置與裝潢趨近完美，幾乎挑不到毛病，洗練的灰色系組合充分擄獲他們的心。

　　老公的手藝極佳，無論是韓式或西式料理都很拿手，婚後做菜的實力又精進不少，成為了廚房的主角；而對打掃很有一套的老婆，則負責處理餐後的清潔。看到這一對夫妻互相分擔家務的情形，讓人在腦海中不自覺浮現出「情投意合」、「天生一對」這樣的成語。

混合黑色和灰色的磁磚，讓白色的廚具更加顯眼。

Bedroom

陽台的擴建區域設置了大型窗戶，灑進室內的陽光，
讓這個房間沒有大部分一樓公寓採光不佳的問題。

當地活用臥室空間
計簡單的床上活動式邊桌和綠
木具非常搭配。
套機能性的配置如同飯店套房
完備。

整齊的固定式傢俱　臥室機能十足

　　和客廳、廚房一樣，臥室也給人簡潔俐落的印象，木質地板和樹葉圖
案的壁紙展現了類似的沉靜感受。

　　「雖然壁紙帶有圖案，但花色還過得去，所以沒有特別更換，剛好和
白色傢俱的平淡互相調和。我們決定先住一陣子，之後覺得煩膩的話，
應該就會做些改變。」

　　臥房有固定式的收納櫃和梳妝台，幾乎和一間套房的配備差不多。浴
室對面設有側拉門的壁櫥，內部的配置齊備，不需另外打造衣帽間。臥
室的另一個特色，是浴室和壁櫥的走道尾端另有收納空間，聰明地善用
各處，沒有任何空間被廢棄。

1 臥室具有梳妝台和壁櫥，生活
非常便利。
2 浴室和走道對面的壁櫥，兩個
空間的動線距離短，相當方便。

配有浴缸的客用浴室，
拖盤架移動簡單，
沐浴用品整理也十分方便。

佈置成乾式的客用浴室。

臥室是休息、睡眠的地方，機能充足最重要，不需要複雜的裝潢，白色床框和邊桌是全部的傢俱，可以從床頭靈活移動到床尾的活動邊桌令人眼睛一亮。

「睡覺之前，還是常常會用到電腦，以前有試過放在床上的小桌，但不是那麼方便，於是就換成這張活動邊桌。不僅放東西很便利，也可以維持良好的坐姿，優點相當多。」

然而非常有趣的是，這對夫妻只有在冬天才用得到這間臥室，因為老公體質懼熱，常常把客廳當臥室來睡，他們說最喜歡客廳，原來不是沒有理由的。

打造曾經的夢想空間

新婚小窩起初鎖定十幾坪的房子，只要有兩個房間、客廳、廚房就可以開始新婚生活，兩個人住這樣的空間便已足夠。他們認為家中空間再大，會使用到的地方也不多。然而房子和人之間的相遇也存在緣分，他們現在居住在寬敞的家中，其中一個房間還取名為「休息室」，是個非常貼切的名字，在這裡可以感受到女主人喜愛整潔和溫暖的感性特質。

Relaxing Room

直條紋的壁紙搭配白色傢俱，
在房間裡可以感受到如同少女般的感性。

1 以女性時尚單品來佈置的空間，飾品的運用發想非常新奇。
2 以夫婦兩人喜歡的造型傢俱佈置的角落。

簡潔佈置的新婚小窩角落

1 人造花不插在花瓶裡，直接放在傢俱上方的佈置法。
2 房裡充滿溫暖與童心的活動吊飾。
3 格子圖案的抱枕不容易看膩，是實用的裝飾。

「要叫做『讀書房』還是『休息室』呢？為客人準備的床墊也放了進來，不知不覺已經佈置完成，將來也想把它變成嬰兒房。朋友說這房間看起來像病房，我們嚇了一跳。」

掛上和壁紙顏色相配的落地窗簾，用木馬和印地安帳棚裝飾，設計可愛的兒童物品是之前佈置在客廳的東西。這間擁有大片窗戶、充滿陽光的房間，對她而言雖然不是必要的，但卻像實現夢想一樣，讓她有了曾經想要擁有的空間。

做客房用途的房間，現在以女主人喜歡的小物來佈置。

落地窗簾選用和條紋壁紙相配的顏色。

運用大自然素材佈置玄關

玄關是這個家唯一施工改造的地方，將門向外推移創造了前室，他們思考許多不同方式，讓空間看起來寬闊，並利用假樹、草皮、椅子等隨時都能帶來清新感的物品加以佈置，希望玄關帶給人良好的第一印象。

「我們一定會裝上中門，施工時原來裝玄關門的地方看起來空空的，也有噪音問題，再加上冬天外頭的冷風會吹進來。原先買了一個白樺木門想要安裝，但因為顏色比較深，正在苦惱應該怎麼處理，計畫用油漆改變它的顏色。」

現在中門的位置掛上一張竹簾，是用竹子加工成屏幕材料製作的簾子，它讓原本冷漠的公寓入口，多了一點自然的親和感。

金惠倡和金宗建夫婦的房子展示了一種可能：不使用強烈的顏色，也能打造不單調的空間。他們有極佳的眼光，挑選兼具實用性及裝飾性的傢俱和小物，也懂得利用這些元素，慢慢地將室內設計做一些變化，消除生活的煩膩感。最近屋主沉迷於人造花，按照種類進行挑選，利用折價券或賣場週年慶期間採購，精明的他們絕對不買不二價的室內設計用品。買來的花該怎麼佈置？為此他們又開始了新的學習！

未來，他們將要搭蓋自己的小窩，那怕只有一丁點大，能夠完全按照自己想法來建造房子就是件很棒的事，他們在腦海裡描繪了無數張的藍圖。在結構和裝潢已經固定的公寓裡生活，親自領會的佈置訣竅到那時一定能夠派上用場。

Entrance

擺放深色收納櫃的玄關，一大束的人造花呈現華麗感。

不失敗的
新婚小窩
裝飾法

循序漸進地
佈置

佈置新房切記不要僅以一股熱情，就急匆匆地趕工。新人都想在完美佈置的家中生活，雖然能夠理解這樣的心情，但是房子要在住了之後，才知道自己真正需要什麼、不需要什麼，那時候再一樣一樣準備都不嫌晚。準備結婚期間要傷腦筋的地方很多，常處於精神不濟又疲倦的狀態，或許以後會對某些倉促下的決定後悔，因此最好別一次購買整套或整組的傢俱。

居家生活
不要只顧慮
實用性

對年輕夫婦來說，沒有比便利性更重要的價值，女主人也是，捨棄外觀美麗的物品，專挑便利性十足的東西。可是如果只追求實用性的話，將會離漂亮又獨特的居家風格越來越遠。所以不管選擇什麼，都要同時兼顧實用性和裝飾性，找尋兩者的平衡，這樣一來，即使屋內沒有特意修飾，沒有特別的藝術點子，整體卻可以成為一間有質感的房屋。

經常維持
整潔

說室內設計的基礎就是整理家務一點都不為過，即使再好看的花瓶，擺放在凌亂的環境中，它的美麗也一定會被淹沒。為了維持佈置美觀的家，需要付出對等的努力。女主人活用收納空間，將物品放進櫃子裡收好，布製品常常清洗，勤奮地管理房子。家裡維持舒適，生活壓力也會減少。

沒有華麗的佈置，
單純流露出家的自在感。

李聖恩‧鄭賢友夫婦的
30坪公寓

以咖啡書屋
為概念
打造自然極簡風

房屋型態：公寓
坪數：階梯式30坪
格局：客廳、廚房、飯廳、臥室、書房、浴室、多用途室、玄關
設計＆施工＆傢俱製作：2n1設計空間
（www.2n1space.com）
總費用：3千7百萬韓圜（約94萬新台幣）
（地板工事、裱糊工程、廚房傢俱工程、全部傢俱、照明工程、外窗工程、客廳＆書房陽台擴建工程、全部百葉窗施工）

漫長戀愛的幸福結局，是在同一個空間一起生活，光是這點就讓他們感到雀躍。這對佳偶對於佈置新婚小窩沒有特別的幻想，卻從頭到尾認真對待每個細節。以組合傢俱為重點佈置的新房，就像他們在一起的歲月一樣醇厚，舒適感滿滿堆砌著。

結婚就像戀愛劇本的第二幕，這是結婚六個月的李聖恩和鄭賢友夫婦發表的新婚感想。他們的戀愛期雖然長，但卻因為彼此生活忙碌，連見面都很困難，在佈置新房的時候也是如此。老公因為工作的關係身在國外，找房子、裝潢的事便交給老婆負責。鄭賢友在大學時主修建築，對裝修和佈置房屋的全盤過程很瞭解，他希望老婆可以將家佈置得明亮又溫暖，成為一間散發人情味的房子。

他們兩人有一位值得信賴、配合度高的室內設計師——老公大學的學長林勝民，也是一家設計公司的室長。林勝民從很久以前就非常照顧這對情侶，也比誰都瞭解他們。於是他們很順利地從三人的意見中找到房子的佈置主題，將取得共識的部分運用在室內設計中。

房子完美地運用組合傢俱塑造整體風格，令人感到非常驚喜。特別是每個房廳具備的收納空間，讓整理家務變得相當容易，滿足老婆對於收納空間的強烈需求。另外，考慮到實用性，除了壁櫥以外，其他的傢俱都做成活動式，方便將來搬家時可以帶走。老公希望家裡的每一個地方都放著書籍，設計師沒有忘記他的想法，整間屋子以咖啡書屋的概念來打造。

Dining Room

　　白天陽光深深地照進屋內，晚上則有間接照明帶動氣氛，還有總是窗明几淨這些優點，讓小窩越住越舒適，身旁的朋友也喜歡這間屋子深藏的魅力。

廚房和飯廳
只屬於小倆口的祕密基地

　　如果要從這間房子中，選擇一個和一般
公寓差別最大的地方，答案無疑地是廚
房。從客廳望向廚房，給人猶如日本住宅
的感覺。他們活用所謂的「邊條」進行室
內裝潢，降低邊條的高度，廚房在視覺上
就顯得較為開闊，只要更換顏色，就可以
和其他區塊自然地形成區分。

　　廚房分為料理空間、飯廳、放冰箱及小
型家電的多用途室三大區塊，以白色傢俱
為主調，鋪上粉彩的磁磚，和先前的結構
沒有太大的差別。

2

小房間變身無罪

1 從客廳看到的廚房樣貌，入口處的門框別有一番風味。
2 飯廳令人聯想到咖啡書屋，是以小房間改造而成的新空間。

Kitchen

單調的白色系統廚具，貼上三種顏色的磁磚之後生動許多。

　　剛開始覺得廚房的狀態有些棘手，一字形的流理台尾端有塊極短的烹飪區，用途不明，但是考慮後決定維持原樣，便於卸下採買回來的食材，目前使用結果還算滿意。廚房另外設置了玻璃門隔間，俐落地隱藏烹飪空間。

　　「就實用性而言，藍色系列的磁磚不只看起來簡單俐落，還可以遮掩牆上的髒污。桌子旁的窗簾也選擇和磁磚相配的色系，讓空間感覺一體成型。」

　　有賴設計師的巧思，原本屋內用不到的小房間，現在搖身一變成為像咖啡屋般的飯廳。在氣氛優美的燈光下，放進一張大桌子，就好像是咖啡書屋原裝遷移一樣，十分特別。朋友們聚在一起小酌，這裡就成為他們專屬的祕密基地，感覺非常自在。白蠟樹餐桌和溫暖的照明，會讓大家自然地被吸引過來。收納空間在各房廳都齊備，飯廳當然也不例外，利用整面牆施做的壁櫥，以收納廚房用品為主，過季的棉被也放在裡頭。

具有木頭紋理的桌子，基於用途考量做了防水處理，當餐桌也沒問題。

寬闊的壁櫥帶有裝飾性元素,旁邊窗簾和料理空間的磁磚顏色相互搭配。

挖空收納櫃的一部分,
讓沉悶感減少,
同時做為收納和裝飾用途。

壁櫥中間挖空的部分,讓整體看起來不會太單調,既可以收納物品,也可以擺放可愛小物當作裝飾櫃。桌子也安裝抽屜,收放擺設餐桌必備的物品。設計師細心顧慮所有細節,讓他們的居家生活暢快愜意。在30坪的公寓分隔出烹飪區和用餐空間,展現空間活用的可能,也為原本沒有用途的小房間找到新定位。

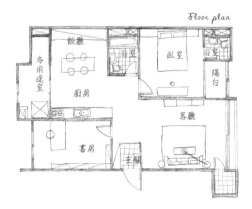

Floor plan

多用途室 / 飯廳 / 浴室 / 臥室 / 浴室 / 陽台 / 廚房 / 客廳 / 書房 / 玄關

Bedroom

2

零誤差臥房構成術

1 為夫妻倆創造了各自的
收納空間,白色、棕色、
灰色交互相融。
2 被收納櫃包圍的床具,
加上隱約的照明更增添了
優雅的氣氛。

以組合傢俱發揮機能的臥室

　　為了創造機能和效率,生活中尋求完美空間也需要精密的計算。只用
於炫耀的佈置是行不通的,無條件追求便利也有所不足,尤其夫妻的臥
室更是如此,一個空間必須同時滿足兩個人的需求。這間房子的臥室剔
除了所有不必要的傢俱,只放核心配備,給人相當俐落的印象。

「床具的一側靠牆擺放的話，會引來濕氣，靠牆睡的人移動也會不方便，讓睡在外側的人為難。所以我們把床放在中間，這樣即使我們生活作息時間不同，也不會互相影響。況且陽台和浴室並列在一側，必須顧慮到這種活用度很低的空間結構。」

臥室必備的衣櫥、床具、梳妝台等該怎麼配置，讓他們苦惱相當久，為了擺脫傳統的擺設，他們決定運用組合傢俱。組合傢俱雖然比市售成品貴了一些，卻是能夠符合空間做變化的最佳品項。架好了床框，接著釘上壁櫥，兩側配置收納櫃做為兩人各自的衣櫥。白色的木製壁櫥、灰色的寢具、棕色的窗簾彼此交融，雖然沒有華麗感，但越住越舒適。每個家都會不約而同放置的邊桌，在這房間由床頭的置物板取代。這對夫婦的臥室讓我們看見了系統傢俱不只在廚房才有用處，運用在其他空間也能達到很好的效果。

房門以灰階的調性（黑白印象）增添洗練的美感。

加寬床頭板的寬度，當作邊桌用途的層板。

因為浴室和陽台連在一側的臥室結構，梳妝台必須配置在床尾的牆面。

客廳&玄關 捨棄顏色的空間最舒適

　　白色粉刷的空間內，天然木頭的質感和抱枕妝點的色感完美交融。擴建了陽台的客廳，陽光和煦地灑進來，如妻子所願，在這個家總能感受到明亮的氣氛。客廳舒適的氛圍不只是陽光的功勞，配色也扮演重要的角色。天然色相的中性色在客廳發揮作用，天花板和牆壁的白色壁紙、沙發的象牙色、地毯的綠色、客廳和鄰近書房色調不同的灰色房門等。加上在陽光最旺盛的地方聚集的盆栽，有助於安撫緊張的情緒。老公很喜歡鋤泥弄土、栽植花木，他期盼自己盡心盡力栽培的盆栽，有一天可以正式成為窗外的花圃。

　　環顧客廳，沙發、客廳櫃和畫框裝飾品等構成要素，外觀設計也一如它們的顏色一樣簡單。各要素的配置不跳脫基本框架，唯一色彩鮮明的抱枕放置在沙發上，對面放置書櫃兼實用的客廳櫃，抽屜試圖走寬窄不一的設計，開放架上，則以籃子當收納道具整理雜物。客廳通往陽台的門旁，有一張大的刺繡畫作，和抱枕一同帶給客廳輕鬆愉快的色彩。刺繡是老公在祕魯旅行時遇見的設計師作品，一直珍藏到現在。它從抽屜裡脫身，成為新婚小窩最吸睛的裝飾品，看著畫作，過去旅行的點滴便浮上心頭。

　　一進家門便能將屋內看得一清二楚的缺點，他們以紗網玻璃製作屏幕，隔放在客廳和玄關之間加以解決，屏幕完美地從地板延伸到天花板。

洋溢親切感的自然空間

1 在白色的空間裡，以帶有自然感的傢俱和小物佈置客廳。
2 區分客廳和玄關空間的紗網玻璃屏幕。

1 盛開的花朵、青翠的植物盡責地擔任空間的活力元素。
2 技法獨特的刺繡作品，裝上畫框用來佈置客廳，還可以遮蓋凌亂的電線。

Living Room

客廳缺乏引人注目的
色彩，運用五彩的抱
枕聚焦。

「紗網玻璃是新進的咖啡館偶爾會使用的材料，既可以區隔空
間，又不會看起來有壓迫感，是很棒的素材，廚房流理台旁邊也
設置了一樣的屏幕。」

比起直接擋住視野、掩蓋屋內景象，不如選擇看起來有開放感
的素材，如此的屏幕不只有隔間的機能，連裝飾效果一併兼顧。

設計成寬度不一的抽屜，
裝飾效果更大。

一人愜意、兩人甜蜜的書房

老公認為書房是家中最令人滿意的空間，雖然書籍在床頭、沙
發等地隨手可得，但只有書房別有一番風味。夜裡待在書房的時
候，寂靜的氛圍讓主人享受完整的放鬆時光。

Study Room

玄關旁的房間，打造出散發原木傢俱質感的書房。

深木頭色的傢俱和排得密密麻麻的書籍，做為唯一沒有沾染生活紛擾的空間，書房也沒有和佈置整間屋子的重點傢俱脫離。

「我們要求設計師，書房必須是一個能夠讓夫妻兩人相對而坐、一起讀書的空間。可以從兩面開啟的獨特抽屜櫃，便是基於這樣的需求設計的，兩個人可以共同使用一個收納櫃。但是我們卻常常坐在書房裡聊天、玩耍，把讀書的事拋在腦後。」

除了這個創意抽屜櫃外，書櫃也頗具特色，以實用性為優先，造型簡單，但是容易被忽略的細節都有著墨。書櫃間的隔板成「Z」形製作，多了些變化；下面的抽屜比上面的層架突出3公分，開啟方便。從這些小細節，再次感受到設計師的貼心。

因為書櫃收納空間的寬度不同，書本身就成為飾品的一部分，可以自由配置。

書房的關鍵傢俱

1 將書房門旁的牆壁加以活用，成為完美的書籍收納空間。
2 為了讓夫妻能一起使用書房，製作了前後都能打開的抽屜櫃。

「一開始購買書櫃時是被它的設計吸引，沒想到它既結實、收納功能也很好，發揮相當高的實用性，而且在很多空間都可以使用，是非常棒的書櫃。」

他們充分利用房門旁的窄牆組裝了一面書櫃，也準備了夫妻倆專屬的特別書桌。雖然它的外型並非十分搶眼，但是與其讓傢俱突出，不如讓居住的人成為生活的主角來得完美。

新婚夫婦對家的期待都十分相近——乾淨俐落、機能齊全、不用擔心收納問題等。過多的欲望會讓佈置工作變得不易，但是李聖恩和鄭賢友夫婦佈置的房子，卻和他們的期待很接近。有的房子讓人越住越不滿，但是他們的滿意度卻持續上升。最令人強烈感受到的，是這屋子獨有的優雅和親切感，無論何時都會溫暖地擁抱居住的人，如同新婚六個月的他們，擁有熾熱且深愛彼此的心。

訂購實用傢俱
的要領

決定
木作材質

在原木和木紋板中，必須要決定使用哪一種材料。每一種材料特徵都不同，價格也有差異。使用原木的話，具有原木的香氣，可以百分之百感受到其天然特性，但缺點是製作費用偏高，會有熱脹冷縮，導致傢俱變形的情形發生。木紋板則是輕薄、不會變形、種類繁多，選擇的範圍也很廣。在加工方面，木紋板雖然比較容易依傢俱所需的型態來施工，但是加工費也不便宜。

考慮
板材厚度

委託製作傢俱時，大部分只會重視長度、寬度、深度的尺寸，但這只是最基本的尺碼。傢俱的表板（例如書櫃的層板）和側面、背面等板材的厚度，都要一起決定後才交付訂製。板材選擇得好，製作出來的傢俱才會接近自己理想的造型，能夠提高完成度。但是如果木材選得太薄，容易彎曲甚至破裂，所以傢俱任何一面的材料，都要慎重地決定厚度。

學習組合的
方法

一般的組合傢俱，是板材和板材、板材和角材，或角材和角材，以傾斜或垂直的方式組裝。雖然也有以螺絲來組裝的組合傢俱，但就堅固性而言，還是直接組裝最精良，因為木材是一種可能會變形的材料，訂購時不能只重外型，也有必要選擇組裝的方法。

My First
Marital Home
Interior

佈置房子有數不清的必備要素，最基本的包
括裱糊牆壁、地板、天花板的表面材料；
睡覺、吃飯等日常生活必備的傢俱，以及料
理道具、布製品、室內設計的擺設小物等，
有各式各樣的型態和數量可供選擇。選擇的
過程對新婚夫婦來說，既帶有樂趣又充滿困
難，有時為了顧慮整體搭配，因而捨棄可以
展現自己品味的物品；有時卻用和屋子的氛
圍背道而馳的擺飾品來增添生活趣味等。無
論如何選擇，都請記住一個基本原則：室內
設計的變化是沒有極限的。

幸福小窩的
最佳必備項目

壁紙

壁紙是最常使用的壁表材料，種類繁多，有紙質、絲質、壁畫類、天然素材的親環境壁紙等。居住空間通常使用合紙壁紙或絲質壁紙，合紙價格低廉容易施工，但時間久了會有褪色的問題。壁紙必須視情況做選擇，考量整間屋子的顏色、傢俱或小物的搭配而定。

1. 紙質壁紙

紙質壁紙雖然薄、容易撕破，但不含有害物質是其最大優點，前提是施工時必須使用天然的黏膠。紙質合紙有兩層、比較厚，用來遮蔽坑坑巴巴的牆壁可以達到很好的效果。

1 此款淡彩的象牙色壁紙，很適合用於摩登空間，或是需要散發東方風味的空間；用於重點點綴也很適合（新韓壁紙純真系列7311-1）。

2 和所有空間都很好搭配的綠色，連續的圈圈和半圓圖案非常漂亮，有綠色和藍色兩種選擇（did壁紙episode系列泡泡款）。

3 運用女性喜歡的枝形吊燈圖案做的壁紙，好像用鋼筆手繪的卡通造型般，感覺很自然。除了亞麻底色的黑色圖案外，還有卡其灰和金黃色（Newhousing Wallquest系列─卡通吊燈款）。

4 荷蘭設計師Piet Hein Eek設計的壁紙，概念來自他的傢俱作品，原作品是由幾種回收的木材堆砌而成，壁紙系列讓人好像親見實品般，散發一種復古的風味（hpix scrapwood系列壁紙）。

2. 絲質壁紙

絲質壁紙具有高級的形象，材質中帶有塑料成分，不會掉色也可以用濕抹布清潔，但絲質壁紙的價格和施工費用都較紙質壁紙高。貼絲質壁紙前，先貼上一層打底的裱糊用紙，可以讓壁面均勻又乾淨。

1 這款壁紙像蒙得里安的畫作一樣，在分割的區塊中裝載著異國風情，很適合為摩登的空間塑造出獨特風格（新韓壁紙S.祕密系列8201-1）。

2 條紋圖案的壁紙讓人感覺沉穩又生動，可以利用壁紙中搭配的顏色打造更明亮的空間（did壁紙D&D wide系列銀款）。

3 想打造華麗又有女人味的空間時，這款壁紙非常合適。花色襯著淡淡的纖細條紋，有紫羅蘭色和紫色兩款可以選擇（did壁紙colors impact系列紫丁香款）。

3. 特殊壁紙

像掛上一幅名畫似的壁畫壁紙，可以成功塑造空間亮點；以纖維植絨技法製作出圖案的壁紙，則具有華麗和獨特的觸感。除此之外，將木材切割得很薄製作出的壁紙，具有隔音效果；以玉蜀黍或黃土為材料製造出的天然壁紙，種類雖然不多，卻有益於身體健康。

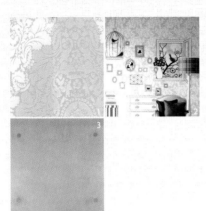

1 荷蘭的植絨壁紙，使用將纖維裁短，製作出花紋圖案的技法，看起來具有立體感，適合營造高貴的氣氛（Newhousing剪影絲絨系列）。

2 由六塊拼圖構成的壁畫壁紙，細緻的筆觸是其特徵。貼上這款壁紙彷彿看見實體傢俱和擺飾所佈置的空間（Newhousing picture wall款）。

3 這款產品呈現一種工業風格的效果，圖面的感覺是露出混凝土的牆面。壁紙的表面經過強化處理，耐久性佳，特徵是具有混凝土般粗糙的手感（Newhousing粗獷坦露混凝土款）。

油漆

由於自助室內設計掀起一股熱潮，油漆隨著用途不同，種類也細分化。有直接漆在壁紙上面的油漆；房間門板、流理台用油漆；浴室和陽台用油漆等，可就空間的不同來做選擇。住宅空間使用以水稀釋的水性油漆，風乾快速，而且幾乎沒有異味。水性油漆中的壓克力樹脂漆可以漆在木材、鋼鐵等任何地方，完全遮蓋材質原來的顏色，非常便利。漆乳膠漆之後再用砂紙做些處理，很適合用於打造復古的柔和感。像用海綿擦塗的水洗漆，特色是能透出木紋或壁面原來的底色。也可以試著用具有高光黑板、夜光效果的特殊漆，打造特別的室內風格。在某些情況下，油漆必須使用無毒的親環境油漆，在訂購時要特別注意，如果涵蓋上漆服務的話，油漆退貨會很困難。

1 像是塗上一層牛奶般，密著力佳，適合用於表現柔和的空間。用於密集板或木材傢俱，可以營造出復古或普羅旺斯風格（Paintinfo Antique Finsh 乳膠漆）。

2 初學者也容易上手，風乾快速，表面質感柔和，在紙質壁紙或洋灰上都可漆的最高級油漆（Benjamin Moore Natura512無光漆）。

3 適用於房門、窗戶、傢俱改造的油漆，罐身開關使用起來很方便，可以打造出淡淡的蠟筆色調，還能防止霉菌滋生（Paintinfo HOME STAR PASTEL OK plus）。

4 原先已經上漆的牆壁、木材、洋灰等表面，先上一層底漆，乾了之後便能塗用。上漆之後用濕抹布清潔，隨時都像新的一樣（Benjamin Moore黑板漆307）。

木質地板是運用木紋和不同色調的木頭色，製作出強化型、合板、原木的地板。超耐磨地板機能性強，施工和清潔都很容易。合板富含水分、導熱性佳，具有實用性。最近將合板強化，在表面貼上木紋塑料貼皮的強化地板，使用者也漸漸增加。若想要打造高級氛圍，適合使用天然材質的原木地板。吸濕性低的磁磚地板不容易沾染髒污，適合用於客廳和廚房。觸感細緻具保溫效果的磁磚型地毯，適合用於臥室和書房；但毛毯的品質高價格就不便宜，再加上管理不易，可以考慮用尼龍地毯代替，抗磨損度強，實用性較高。

1. 超耐磨地板

維持木質特性，並補強其缺點所製作出的組裝式地板材料。價格低廉，不易產生刮痕，保養和管理都很容易，不僅耐久性佳，色相也很多元，可以搭配室內設計的風格來挑選。但受潮時可能會略為膨脹，踩踏時也會產生噪音。

1 具有洋槐的木紋、洗練的顏色，呈現獨特圖案的地板，明亮程度中等，適合搭配自然風的裝潢（東華自然地板crozen smart系列：洋槐）。

2 明亮的地板讓空間看起來寬敞，水洗漆似的漂亮紋路，表面具有立體感，適合女性化空間（東華自然地板click系列：夢幻白、松木）。

3 長久以來廣受歡迎的橡木色，經過水洗處理散發自然韻味，擁有任何空間都可以搭配的圖案（Hanson家庭美學樂活系列：水洗橡木）。

4 以不規則的直條紋，表現出木頭的自然質感，逼真花紋則帶來高貴氣息（Hanson家庭美學：復古白）。

2. 原木地板

天然原木加工的地板材料，通常製品的原木厚度在3公分以上，可以感受到樹木原來的質感和紋路。表面經過處理便可以再次利用，而且對人體無害。缺點是表面的原木容易因濕氣和熱度而變形，強度不夠的話也會產生刮痕。

1 隨著曝曬在陽光下的時間不同，顏色會在褐色到赤褐色之間變化，可以感受到高級天然原木的風味（東華自然地板BAUM系列：緬茄木）。

2 色相均勻，明亮度中等，堪稱最好搭配的地板，適合用於所有空間，很容易選擇和其搭配的壁紙及傢俱（東華自然地板BAUM系列：伊羅科木）。

3. 合板＆強化地板

合板是價格低廉又能感受到原木質感的地板，改善了原木的缺點，不會因濕氣及溫度變形。強化地板又補足了合板的缺點，不只增強外部的抗衝擊力，圖案多樣，選擇範圍也很廣。

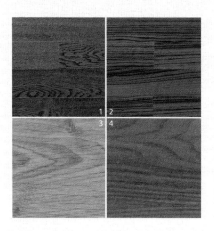

1 生動的窄木紋圖案，看久也不會膩（Hanson家庭美學古典系列：古橡木）。

2 柚木合板的色澤古意盎然，也很適合現代的居家空間，打造出個性化的居家環境（Hanson家庭美學古典系列：柚木）。

3 可以讓狹小空間看起來寬敞又明亮的亮色系地板，無論鋪在任何空間都顯得自然又調和（Hanson家庭美學ULTRA系列：自然橡木）。

4 帶有復古風味的胡桃木，感覺溫暖又沉穩，能提高居家室內設計的完成度（Hanson家庭美學ULTRA系列：胡桃木5）。

4. 磁磚地板

磁磚地板的素材有木材、陶瓷、纖維等多樣化的潮流。具有原木自然美的木質磁磚，室內設計效果極佳；拋光磁磚看起來簡潔俐落又高貴；表面是纖維層的地毯磁磚，可以在地面上展現圖案，降低磨損率，出現髒污的話只要更換髒掉的部分，管理、維護都方便。

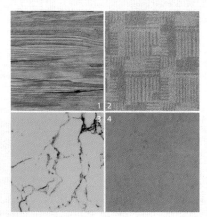

1 不用經過打磨就能感受到木紋的木質磁磚，呈現出棕色的柔和感（東華自然地板：鄉村木）。

2 空間鋪設此款方正的地毯磁磚，可以打造出溫暖的感覺和異國風味（東華自然地板地毯磁磚CS1261）。

3 表現和天然大理石一樣的質感，並提高了強度，活用範圍更廣，圖案也很自然（Hntile freestyle204）。

4 俗稱水磨磚的半硬質纖維磁磚，冰冷的感覺和淡淡的顏色很配（Hntile水磨磚165）。

傢俱

傢俱要根據小窩的主題概念、房屋坪數、居住時間等因素,仔細考慮後再購買。全套傢俱雖然可以打造整體感,但卻不能突顯個人特色,應該充分考慮設計要素來挑選。單品傢俱可以就顏色或設計風格做搭配,烘托出每一件傢俱的優點,並融合於整體風格中。直接承載身體重量的沙發和床墊,首重舒適感和堅固性。如果房子不大,不要堅持採購大餐桌或長沙發,應以小傢俱為主,並慎重檢視其實用性。

1. 北歐傢俱

最近新婚夫婦偏向喜歡設計簡潔、具有自然風味的北歐風格傢俱。北歐傢俱除了自體展現一種美感,更兼具實用性和隨時間流逝更趨濃厚的復古風味,增添了消費者的滿意度。最近,散發強烈摩登感的北歐傢俱成為視覺饗宴,使用起來毫無負擔的風格傢俱也漸漸多了起來。

1 胡桃色橡木椅框配置防水綠色布坐墊,這組雙人用沙發長時間使用也不會變質(Karimoku60 by REMod k椅子)。

2 雞蛋形狀、尺寸雅緻的桌子,高度分為三種,將一、兩張搭配成為一種組合也非常棒(REMod雞蛋桌)。

3 四塊梧桐樹實木接合成一張凳椅,形狀很像一顆牙齒,可以感受到原木的質感和獨特韻味(REMod牙齒凳)。

1 日本親環境傢俱品牌Karimoku60的產品,由抽屜和層板構成。復古柚木的自然風是此傢俱的優點(Karimoku60 by REMod餐具櫃)。

2 兼具實用性與視覺上的滿足,復古風格很適合放在書房當書桌,是Kai Kristiansen 1950年的作品(Mobel Lab桌)。

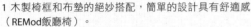

1 木製椅框和布墊的絕妙搭配，簡單的設計具有舒適感（REMod飯廳椅）。

2 扶手和椅背像是天鵝的翅膀和長長的脖子，Arne Jacobsen的代表性製品，天鵝椅、皮製的褥墊加上鋁製椅腳頗具象徵意味（Mobel Lab椅）。

3 丹麥有名的傢俱設計師Finn Juhl的作品，柚木的堅固和溫暖的色感相當顯眼（Mobel Lab典型138）。

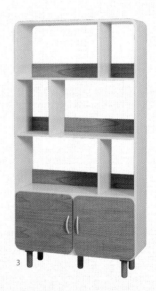

1 抽屜和層架構成的上層櫃，以及像傳統電視造型的下層櫃完美結合。使用懸浮系統讓上層櫃像浮在空中一般，設計洗練（MASSTIGE DECO懷舊書桌櫃）。

2 櫃子的門板比壁櫃本體凸出，採外拉式的設計，邊緣處理成圓拱型態，散發造型美感，在北歐風格傢俱中增添了摩登氣息（MASSTIGE DECO Crispin 四格抽屜櫃）。

3 此款書櫃適合打造感性的書房空間，散發自然風味的雙色表層，加上寬裕的收納空間，活用度非常高（MASSTIGE DECO Crispin書架櫃）。

2。 複合＆系統傢俱

具有多種用途又可以變化造型的多功能傢俱，能減少空間浪費，讓使用更有效率。從移動方便、以組件型態配合空間做組裝，到可以調整長度及高度的傢俱，除了具備裝飾效果，也兼具收納等功能。這些傢俱的進化對新婚夫婦而言，是個值得開心的消息。

1 此款折疊式桌子，不只移動方便，隨著用途不同還可以調整大小，桌面要加長的話，只要展開下方的轉軸即可（韓國傢俱聯盟Battista）。

2 此款書櫃十分有趣，是可以改變配置、構成多樣組合的收納傢俱，既能單獨使用，又可以組合在一起。有白、紅、黑三種顏色（The Place boogie-woogie書櫃）。

3 書桌結合白蠟木和英國杉木傢俱名牌「Bisley」的鐵製抽屜櫃，消費者可以自行決定白蠟木的顏色和抽屜櫃的位置，抽屜櫃也可分開單獨使用（A.MONO書桌）。

4 椅背部分分為衣架、手提袋掛鉤、名片夾或紙匣等三種，組合在一起可以創造出更多變化，是款具獨特概念的機能性椅子（WELLZ Extension椅子）。

5不受空間拘束，可以隨意配置的化妝盒造型梳妝台，打開桌蓋有分隔的收納空間，蓋上桌蓋就可以當作書桌使用（BYHEYDEY dress）。

1 運用直線條美感、造型簡潔的床框，床頭部分是可以當作書架或邊桌的設計（FURNIGRAM 'S 床具）。

2 多種顏色的置物架，可以固定在牆上，或將組件交叉配置使用；也可以放在地上，再安裝一塊玻璃當作矮桌（FURNIGRAM 'S CD架）。

3 高光澤塗料的圓形柱體，結合木板材質的桌面。木板桌面可以旋轉，靈活運用度很高，圓形柱體也具備收納功能（FURNIGRAM 'S茶桌）。

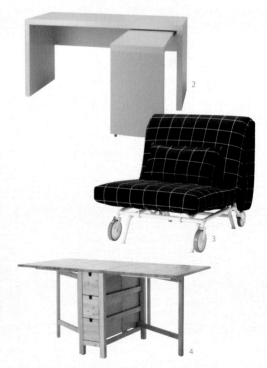

1 創意性顯著的系統傢俱，各組件可以自由分離或組合，尺寸設計的靈感來自於影印紙的規格（Kamkam工作室組件傢俱An Furniture）。

2 必要時可以拉出隱藏桌面，擴大作業空間，加長的桌面長度為50公分，可自由選擇擺放的位置要在哪一邊（Icompany IKEA Extension桌）。

3 對於空間不大的新婚小窩而言，沙發床是很實用的傢俱。沙發床附有輪子，移動方便，分為一人用或兩人用，布套的圖案也可以選擇（Icompany IKEA沙發床）。

4 可以調整長度的原木桌，最短26公分，最長152公分，桌子還附有抽屜，收納相當便利（Icompany IKEA折疊桌）。

布製品 &
裝飾物

決定了新婚小窩的室內設計主題，裝潢好牆壁和地板，接下來便是用布製品和裝飾小物來完成房子的佈置風格。可以選擇和房子主色調相近的顏色營造舒適感，也可以用對比色來製造空間亮點。調整裝飾品的位置和數量，即使不大興土木，也能打造出全新的氛圍。如果對料理很有興趣的話，可以陳列漂亮的餐具；喜歡花朵的話，就擺放花瓶做裝飾，藉此突顯屋主的個性也很不錯！

1. 布製品

寢具和窗簾是新婚小窩的代表性布製品，由於面積大足以左右房間的氛圍，要挑選符合整體設計的款式降低失敗率。準備風格多元的抱枕和地毯，常常交替使用，可以輕鬆獲得讓小窩改頭換面的效果，隨著季節變化調整素材也是不錯的主意。

1 幾何圖形的寢具，很適合斯堪地納維亞或摩登風的空間（左為SKOG Pop!!!；右為SKOG Regular Stud Deep）。

2 掛在窗戶或壁面的類藝術品，很像一幅值得賞玩的細緻剪紙作品（SANGSANG HOO!!摩登古典款）。

3 獨特質感的地毯，可以鋪在走道、前室或乾式浴室（DESIGN PILOT地毯）。

4 可愛滿分的刺繡抱枕，將貓頭鷹的相貌特徵發揮到極致，是設計師高品質的抱枕作品（Kitty bunny bony designers animal.owl）。

5 側面是蜂窩結構的蜂巢遮光簾，能源效率高，能讓陽光淡淡透進室內（Hunter Douglas Duette honeycomb）。

2. 裝飾小物

牆壁和地板裝潢完畢，傢俱和布製品也都決定好了的話，接著運用一些小飾品來完成室內設計吧！挑選日常起居必備的生活用品或佈置小物，首先要顧慮是否合適，挑選和壁紙顏色相同的花瓶，或是在摩登空間裡只運用塑膠、鐵製素材的小物，都能夠增強效果，整體搭配是最大關鍵。

1 此款造型有趣的掛鉤，視覺上給人油漆滴落的錯覺，在任何空間都可以當作收納道具，活用度滿分（DESIGN PILOT Drop）。

2 純白陶瓷花瓶令人聯想到科學實驗的燒杯，因為容量很大，甚至可以當作飲料瓶（DESIGN PILOT長頸花瓶）。

3 這件作品充分展現設計師精巧的手藝，手工陶瓷花瓶獨特的設計非常顯眼（innometsa muuto花瓶）。

4 上漆的鐵製衣帽架造型簡單，圓形頂蓋下方設有掛鉤，中間則是可以掛雨傘的架子（rooming SPUN）。

5 尺寸齊全的收納籃，可以盛裝水果、衣物或是衛浴用品等（Focusis多用途籃）。

6 金屬材質加上充滿未來感的設計，時鐘的造型非常醒目。既具實用性，裝飾效果也很強（Focusis Million時鐘）。

1 利用原始復古感的時鐘，可以佈置出洋溢個性的獨特空間（REMod SEIKO時鐘）。

2 簡單地以樹木形態為造型的衣帽架，可以單件使用，也可以連結多個排列成鋸齒狀使用（rooming MORI）。

3 洗練的黑色衛浴用品，按壓瓶、漱口杯、肥皂盒、牙刷筒構成一組（Focusis大麥町犬浴室四件組）。

4 傘架的外型讓人聯想到冒出尖芽的草皮，豐富的色感以及像粉盒般的尺寸為其特色（DESIGN PILOT傘架）。

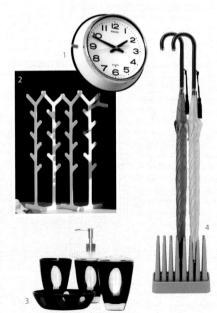

照明

相同的空間，設置不同的照明，感覺也會不同。在打造小窩時，與其選用粗糙、單調的主燈，不如試著運用間接照明，在不同的空間或不同的情境，打造截然不同的氣氛。以照明範圍廣的落地燈讓客廳更明亮，或以燈光微弱的桌上型檯燈讓臥室更溫馨。佈置得像展覽館的空間可以使用聚光燈，加強烘托效果也不錯。即使沒有開啟光源，燈具本身也可以扮演藝術品的角色，因此選購時要考量外型的設計。

1. 落地燈

適合寬廣空間的落地燈，照射在沙發或掛有相框的牆面使其更醒目。因為移動便利，搬運到不同房廳打造不同情趣，可以輕易改變空間的氛圍。

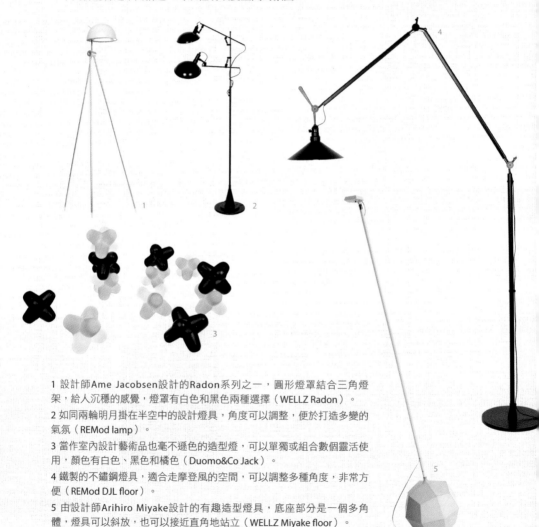

1 設計師Ame Jacobsen設計的Radon系列之一，圓形燈罩結合三角燈架，給人沉穩的感覺，燈罩有白色和黑色兩種選擇（WELLZ Radon）。

2 如同兩輪明月掛在半空中的設計燈具，角度可以調整，便於打造多變的氣氛（REMod lamp）。

3 當作室內設計藝術品也毫不遜色的造型燈，可以單獨或組合數個靈活使用，顏色有白色、黑色和橘色（Duomo&Co Jack）。

4 鐵製的不鏽鋼燈具，適合走摩登風的空間，可以調整多種角度，非常方便（REMod DJL floor）。

5 由設計師Arihiro Miyake設計的有趣造型燈具，底座部分是一個多角體，燈具可以斜放，也可以接近直角地站立（WELLZ Miyake floor）。

2. 吊燈

吊燈是垂吊在天花板上的照明燈具,有塑膠、鋼鐵、布、玻璃等多樣化素材,設計款式豐富,適合佈置在餐桌及書桌上方。

1 令人聯想到被風吹拂的飄動裙襬,造型華麗,由矽、塑膠、合金三種素材完美結合(Duomo&Co Silly Kon)。

2 由木質串珠製作的吊燈,和主照明一起裝飾可以帶來繽紛的色感。2公尺的電線可供垂吊,或是掛在任何地方打造需要的風格(hpix Lightlace)。

3 芬蘭特有的簡單設計,卻能充分發揮存在感,不只適用於摩登空間,也很適用於自然風的氛圍(rooming Allo)。

4 以紙張手工摺出鶴的模樣,清爽的顏色和圖案非常吸睛,是一個以指尖創造出來的室內設計單品(hpix Birdshade)。

3. 檯燈

放在玄關桌、書桌或床的邊桌上使用的燈具,體積小,可打亮局部空間製造效果,也適用於營造氣氛或裝飾用途。

1 以鐵製素材塗裝包覆的燈具,看起來就像用紙張做成的一樣。造型簡潔,裝有把手便於移動(hpix Fono Light)。

2 檯身是形態不一的陶瓷素材,結合傳統檯燈造型的燈罩。幾個檯燈放在一起時,可以營造展示空間的感覺(Duomo&Co Morandi)。

4. 牆壁照明

稱之為「壁燈」的牆壁照明,設置在走道,或是給單調的牆壁淡淡的裝飾。設置壁燈時,要注意不要選在身體經過會碰觸到的位置。

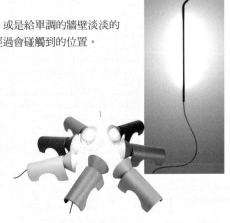

1 此款聚光燈表現的是望著非洲夕陽的小獅子,以獨特的皮革素材製作,頭和身體可以分開(DESIGN PILOT Lion Penseur)。

2 不只可以運用在壁面上,門把、椅背等都可以掛上的燈具。搶眼的設計也創造了愉快的居家生活(DESIGN PILOT枴杖燈)。

廚房用品

選擇廚房用品要兼顧功能性、安全性及造型等，需要費神的地方不只一、兩項。必備品的種類和尺寸大小非常多樣，先將其列舉下來，刪除功能重複的物品後再購買。統一用品的外觀材質和顏色，簡潔一致的感覺還能成為優秀的裝飾，將廚房佈置為一個展示空間。在質感佳的物品當中，選擇一、兩件特別突出的製品當作亮點裝飾，也是不錯的佈置方法。

1. 烹飪器材

為了完成看起來好吃的料理，炒、煮、烤東西的時候，都有各自需要的鍋具。如果是新婚夫婦的話，最好購買基本型的用品。重要的是各個製品除了功能性之外，是否含有對人體有害的物質，安全性、清潔和使用方便性等，都是必須注意之處。

1 「ALESS」品牌的壓汁器，用於擠檸檬或柳橙汁，是用對人體無害的塑膠製成（theplace Citrus壓汁器）。

2 愛用者引以為傲的挪威琺瑯鍋，使用得越久，越能散發復古風味（KISS MY HAUS cathrineholm琺瑯鍋）。

3 長度超過30公分的寬版烘焙盤，可盡情享受北歐風（KISS MY HAUS cathrineholm烘焙盤）。

4 以均勻導熱呈現美味料理的鐵鍋，可以用來燉煮或做鍋粑等多種料理，外觀造型和顏色也很獨特（Le Creuset圓形鐵鍋）。

5 造型可愛、適合幸福小窩的蒸器，便於製作兩人份料理，電子微波爐或烤箱都可以使用（Le Creuset迷你心型Ramekins蒸器組）。

6 以長型麵包刀為主的刀具，使用後容易整理，簡潔的設計很引人注目（Icompany IKEA SLIPAD刀組）。

7 在家也可享用瑞士起士小火鍋，整組製品採用可親的琺瑯材質，能激起懷舊感，呈現cathrineholm品牌的特色（KISS MY HAUS cathrineholm復古瑞士起士小火鍋套組，含叉子）。

8 不只用來烤東西，炒菜也可以使用的烤架，加上琉璃琺瑯的高質感，更增添了食慾（Le Creuset圓形烤架）。

9 烹飪時必備的計時器，造型小巧玲瓏，是裝飾廚房不能遺漏的要角。以5分鐘為單位，時長共1小時（Icompany IKEA計時器）。

2. 食器和小物

完成了美味的料理，試著用心擺設美麗的餐桌，打造幸福氛圍吧！既然是要經常拿出來擺放的廚房用品，不要只注重實用性，試著當作裝飾藝術品來思考。幸福小窩的廚房需要洋溢機智的設計，華麗色感的可愛小物也是不可或缺的。

1 裝調味料的罐子，德國設計公司Koziol的製品，利用磁鐵吸附於置物架，使用時拔下取用（Focusis pl:p鹽、胡椒罐）。

2 具有多樣尺寸和美麗色彩的製品，有小巧的把手、可愛的設計，即使只裝一顆水果也能充分地引發食慾（KISS MY HAUS復古琺瑯鍋）。

3 很像站在沙漠中央的仙人掌牙籤罐，只要輕輕一壓筒蓋，牙籤便會冒上來（innometsa牙籤罐）。

4 將維多利亞時代的衣裳具象化，像是藝術品一般的小物，叉子附著在磁鐵的叉架上，可以拔下來使用，上面的身體轉開是紅酒的開瓶器（Focusis TRISHA 紅酒開瓶器＆叉子組）。

5 細緻地表現魚鰭和魚尾的食器，隱約剝落的表層散發復古的感覺（SECRET GARDEN＆CO Marina Dinnerware）。

6 玻璃杯組就像六棵不同樹種的樹木聚集而成，即使喝著相同的飲料，也可以享受不同時髦感（DESIGN PILOT樹林紅酒杯組）。

7 在飲食或裝飾方面都扮演重要角色的叉子，收納時也可以乾淨俐落（Focusis tree）。

8 廚房傳出磨咖啡豆的聲音，光是想像也覺得幸福。1970年代製造的咖啡研磨器，成為廚房獨特的擺飾（KISS MY HAUS復古咖啡研磨器）。

9 五彩繽紛的花朵狀刷具，讓廚房變得整齊美觀，清潔打掃或洗碗均適用（Focusis flowerpotwer手刷）。

10 研磨鹽巴或胡椒粒時所使用的研磨器，啞鈴般的造型相當有趣（innometsa鹽＆胡椒研磨器）。

微笑苔球系列

看見苔球在對你微笑了嗎？無論有什麼心事或遇到任何挫折，
別忘記，微笑就是解決一切最好的藥方喔！

一定一定要～
幸福喔～

幸福苔球

像呼吸的本能一樣，我們渴望尋求一種翠綠色的身心靈甦醒
實踐與自然共生的概念，就從這一刻開始
幸福苔球不只是單純的植物，更是能帶來療癒感的心靈寵物
是人、植物與創意之間醞釀的一種生活美學

負離子植栽

開運之卵陶瓷植栽

不倒翁 LED 燈植栽

TABLE GREEN 馬口鐵罐

 迎光生技　www.light-plus.tw

博客來網路書店、MOMO 富邦購物網均有販售　 幸福苔球粉絲團

幸福苔球 - 可愛動物系